亚太绿色港口实践精选

彭传圣　于秀娟　等　著

人民交通出版社股份有限公司
China Communications Press　Co.,Ltd.

内 容 提 要

为应对全球能源危机、保护生态环境、促进港口与城市的和谐发展，分享绿色港口的最佳实践，亚太港口服务组织(APSN)与中国交通运输部水运科学研究院合作，研究绿色港口相关技术，收集整理绿色港口相关实践，并在亚太范围内发布绿色港口最佳实践，分为管理与控制、清洁能源替代、控制污染排放和提高能源效率4类，供亚太港口参考，以便将相关技术应用到绿色港口的建设中。

图书在版编目(CIP)数据

亚太绿色港口实践精选／彭传圣等著. —北京：
人民交通出版社股份有限公司，2019.5
ISBN 978-7-114-15450-8

Ⅰ.①亚… Ⅱ.①彭… ②于… Ⅲ.①港口—环境保护—研究
–亚太地区 Ⅳ.①X55

中国版本图书馆 CIP 数据核字(2019)第 064685 号

书　　名：亚太绿色港口实践精选
著　作　者：彭传圣　于秀娟
责任编辑：陈　鹏
责任校对：尹　静
责任印制：张　凯
出版发行：人民交通出版社股份有限公司
地　　址：(100011)北京市朝阳区安定门外外馆斜街 3 号
网　　址：http://www.ccpress.com.cn
销售电话：(010)59757973
总 经 销：人民交通出版社股份有限公司发行部
经　　销：各地新华书店
印　　刷：北京盛通印刷股份有限公司
开　　本：720×960　1/16
印　　张：7.25
字　　数：109 千
版　　次：2019 年 5 月　第 1 版
印　　次：2019 年 5 月　第 1 次印刷
书　　号：ISBN 978-7-114-15450-8
定　　价：50.00 元

《亚太绿色港口实践精选》
编写组成员

彭传圣　于秀娟　卢　成　蔡欧晨

田玉军　朱　利　秦翠红　杨　瑞

马妍妍　孙　婷　郭艳晨

缩 略 语

APEC	亚太经合组织
CARB	美国加利福尼亚州空气资源委员会
CO	一氧化碳
CO_2	二氧化碳
CO_2e	二氧化碳当量
DPM	柴油颗粒物
ECA	MARPOL 公约批准设立的船舶排放控制区
ESI	环保船舶指数
FSP	细颗粒物
GHG	温室气体
GPAS	亚太绿色港口奖励计划
Green Marine	绿色航运
HC	碳氢化合物
IMO	国际海事组织
ITF	国际运输联盟
MARPOL	国际防止船舶造成污染公约
MEPC	海洋环境保护委员会
NECA	MARPOL 公约批准设立的船舶氮氧化物排放控制区
NO_x	氮氧化物
O_3	臭氧
PIANC	国际航运协会
PM	颗粒物
$PM_{2.5}$	细颗粒物
PM_{10}	可吸入颗粒物
RSP	可吸入悬浮颗粒物

SCAQMD	南海岸空气品质管理区
SECA	MARPOL 公约批准设立的船舶硫氧化物排放控制区
SO$_2$	二氧化硫
SO$_x$	硫氧化物
VOC	挥发性有机物
WPSP	世界港口可持续计划
WBCT	西盆集装箱码头
Yusen	玉森国际码头
APL	美国总统轮船码头
APM Maersk	马士基码头公司
Evergreen	长荣码头
TraPac	TraPac 码头
CUT	加利福尼亚联合码头
ITS	国际运输服务码头
LBCT	长滩集装箱码头
PCT	Pier J 码头
SSA-A	美国装卸服务公司 A 码头
SSA-C	美国装卸服务公司 C 码头

前　言
PREFACE

为应对全球能源危机、保护生态环境、促进港口与城市的和谐发展,分享绿色港口的最佳实践,亚太港口服务组织(APSN)与中国交通运输部水运科学研究院合作,研究绿色港口相关技术,收集整理绿色港口相关实践,并在亚太范围内发布中英文版的绿色港口最佳实践,供亚太港口参考,以便将相关技术和管理经验应用到绿色港口的建设中。

1　亚太港口服务组织简介

亚太港口服务组织(APSN)成立于 2008 年 5 月 18 日,是由中国领导人倡议成立的第一个致力于推动亚太地区港口行业发展与合作的国际组织。APSN 旨在通过加强本地区港口行业的经济合作、能力建设、信息交流和人员往来,推动投资和贸易的自由化与便利化,实现亚太经合组织(APEC)成员经济体的共同繁荣。

目前,APSN 理事会员几乎涵盖了 APEC 所有经济体,包括澳大利亚、加拿大、中国、中国香港、印度尼西亚、日本、韩国、马来西亚、巴布亚新几内亚、秘鲁、菲律宾、新西兰、新加坡、俄罗斯、中国台北、泰国、美国和越南等 18 个成员。APSN 执行机构是秘书处,设在交通运输部水运科学研究院。

自成立以来,APSN 一直秉承 APEC 合作宗旨,已成功举办港口与供应链互联互通、绿色港口、港口设施保安等一系列研讨会,发布亚太港口发展报告,为会员提供相关咨询服务,在亚太地区港口行业获得了积极反响,多次获得 APEC 运输部长级会议的高度肯定。经过 10 年发展,APSN 已成为亚太地区港口行业交流合作的重要平台,更多的港口企业将通过 APSN 与"一带一路"沿线国家开展交流与合作,共同促进亚太港口行业的健康可持续发展。

2011 年起,APSN 开始致力于在亚太地区推动绿色港口发展。在借鉴欧美发达经济体所实行的绿色港航认证体系基础上,APSN 研究制定了适应亚太地区经济社会发展水平多样性的绿色港口评估体系,即亚太绿色港口奖励计划(GPAS)。

GPAS 的目标是促进和激励亚太港口走绿色和可持续发展道路。它将为亚太港口提供全面、科学、合理和系统的绿色港口发展指南,搭建进行绿色港口最佳实践的国际交流平台。对于参与其中的港口,GPAS 将起到增强环境生态保护意识、升级可持续发展战略、协助履行社会责任与义务、塑造国际品牌与知名度、提升国际话语权和影响力的作用。

APSN 于 2014—2015 年开展 GPAS 项目试运行、制定实施方案、组建专家库等相关工作,并于 2016 年正式启动,得到了亚太港口的积极参与,2016 年 7 个港口、2017 年 7 个港口、2018 年 9 个港口获得亚太绿色港口称号。为推进亚太绿色港口的经验分享,APSN 与交通运输部水运科学研究院于 2018 年 4 月在北京举办了 GPAS 研讨会,共有 10 余个经济体的 100 多名港口管理部门、港口企业和研究机构的代表参加,会后主办方将论坛精彩观点汇总成报告分发给与会嘉宾。

2 概述

经济全球化和区域经济一体化推动了全球经济和国际贸易高速发展,海运承担着 80% 以上贸易量、70% 以上贸易额的国际贸易商品的运输,因此,全球水运规模相应高速增长。

港口作为水陆交通运输转换的节点,船舶活动、港口作业、货物流转、集疏运操作高度集中,大量消耗能源的同时排放大量的温室气体和环境污染物,影响了港口区域以及周边乃至港口城市的环境和生态,也对全球气候变化产生不利影响,受到公众和政府的关注,尤其是与公众利益密切相关的环境空气质量和人体健康的影响,成为公众关注的热点。水运行业及相关的政府部门需要回应公众关切,推动港口可持续发展、建设绿色港口成为必然的选择。

港口的主要污染排放来源有:

(1)港作船舶和运输船舶在港区航行、作业和停靠过程中,消耗能源导致的温室气体和污染物排放,特别是大气污染物排放。

(2)港口机械和港作车辆工作过程中,消耗能源导致的温室气体和污染物排放,特别是燃油消耗产生的大气污染物排放。

(3)港口作业的干散货和液体散货装卸、运输和堆存过程中,发生扬尘、遗撒、溢散或挥发导致的环境污染物排放。

(4)集疏运火车和卡车在港区运行和等待装卸货物过程中,消耗能源导致的温室气体和污染物排放。

政府部门应用政策法规、发展规划、标准规范、经济激励、技术试点、应用示范、监督管理等手段推动和引导港口可持续发展的同时,港口也在不断探索适应可持续发展要求的技术和管理措施,回应公众关切。

国际航运协会(PIANC)认为,可持续发展港口就是港务局与港口用户,在采取经济绿色增长战略并尊重自然的基础上,和港口利益相关方密切合作,采取积极和负责任的态度开发和运作港口,从其所在区域的长期发展目标及其在物流链上的特殊地位出发,保证港口发展满足预期的未来几代人的利益需求以及所服务区域的繁荣。APEC各经济体的港口在经济和贸易发展中发挥着重要作用,尽管不同经济体港口发展水平差异较大,但是均不同程度面临港口可持续发展的挑战。为此,一些经济体建立了适合自身发展需求的绿色港口或者可持续发展港口的认证评价机制以推动可持续港口发展目标的实现,如北美的绿色航运(Green Marine)认证机制、中国的绿色港口等级评价机制等,取得了预期的效果,亚太港口服务组织(APSN)建立了GPAS机制,试图利用更加普适性的可持续发展要求,推动APEC各经济体绿色港口的建设与发展,获得了域内业界的初步认可。

为推动港口可持续发展,政府的政策法规要求和相应组织的认证评价只是发挥引领作用,港口需要采取可行、有效的技术和管理措施,才能实现既定的目标。本报告在分析全球主要港口应用的绿色港口技术和管理措施的基础上,根据APEC各经济体或港口的特点和可持续发展需求,选择介绍了12个最佳实践予以推介,以便APEC各经济体港口借鉴使用,促进港口可持续发展。

最佳实践的选取主要基于下列考虑:

(1)港口采取有效的管理和控制方法,减少港区温室气体和环境污染物排放是建设绿色港口的基础。

(2)编制港口排放清单,掌握港口范围内的温室气体和环境污染物排放来源现状,是制定温室气体和环境污染物排放控制对策、推动绿色港口建设的基础性工作。

(3)大多港口的环境污染物的主要来源,特别是大气污染物排放的主要来源是港作船舶和运输船舶,建设绿色港口的关键在控制港区内船舶的排放。

(4)控制港区船舶排放的方法,一是减少港区船舶燃油消耗量为基础的港区船舶减速航行激励性措施;二是控制船舶大气污染物排放为基础的船舶排放控制区强制性政策;三是推动船舶采用有利于减少温室气体和大气污染物技术为基础的环保船舶指数激励性措施。

（5）港口按照社会公认的方式公开报告其可持续发展现状，接受政府和社会的监督，既可以因为绿色发展进步大而获得成就感，激励其采取更多的绿色发展措施，也可能因为绿色发展进步小而受到公众压力，推动其加快绿色发展步伐，港口可持续发展报告和对绿色港口实施认证成为完成这一使命的有效手段。

（6）采用清洁能源替代传统能源，是减少港区范围内温室气体和环境污染物排放的有效途径，在港区范围内利用电能替代其他能源将成为建设绿色港口的最终选择。

（7）传统的轮胎式集装箱门式起重机使用柴油动力，对其实施"油改电"最先具有可行性，成为减少传统集装箱码头燃油消耗的第一步。

（8）港口的大量大气污染物排放来自船舶，靠港船舶使用岸电是减少靠港船舶大气污染物排放的发展方向。

（9）水运适应大宗散货的运输，干散货运输在海运中占有较大份额，干散货在码头的装卸、运输和堆存是干散货码头大气污染物排放的主要来源之一，也是干散货码头受到港口周边民众诟病的主要原因。控制干散货码头的粉尘，一是要控制因为风吹导致的堆垛表面扬尘；二是要控制装卸作业过程中扰动货物导致的粉尘溢散。

（10）港口范围内的能源消耗是温室气体和环境污染物排放的主要来源，提高港口范围内的能源利用效率、减少能源的使用是减少港口温室气体和环境污染物排放的重要途径。

（11）鉴于在港区范围内利用电能替代其他能源将成为建设绿色港口的最终选择，管理控制港口电能质量成为推动绿色港口建设的重要一环。

（12）集疏运车辆在港区范围内等待装卸货物过程中，通常处于怠速运行状态，导致温室气体和污染物排放更多，利用信息技术手段，减少集疏运车辆在港口滞留的时间，有利于减少集疏运车辆在港口滞留时间、温室气体和环境污染物的排放。

基于以上考虑，绿色港口最佳实践分成：管理与控制、清洁能源替代、控制污染物排放和提高能源利用效率4类。纳入各类最佳实践的绿色港口实践分别如下：

管理与控制：

- 港口排放清单
- 船舶排放控制区
- 港区船舶减速航行

- 环保船舶指数
- 港口可持续发展报告
- 绿色港口认证

清洁能源替代:

- 轮胎式集装箱门式起重机"油改电"
- 靠港船舶使用岸电

控制污染物排放:

- 防风抑尘网
- 干雾抑尘

提高能源利用效率:

- 改善电能质量
- 港区卡车调度

本书由彭传圣统稿,各章主要执笔人如下:

前言:彭传圣,于秀娟

第1章:彭传圣(1.1、1.2、1.6),蔡欧晨(1.3、1.5),秦翠红(1.4)

第2章:彭传圣

第3章:朱利

第4章:杨瑞(4.1),田玉军(4.2)

第5章:卢成

目 录
CONTENTS

1 管理与控制

1.1 船舶排放控制区

1.1.1 背景

船舶作为在水上移动的人员或货物运载工具,船上发动机通常需要消耗燃油,产生动力满足船舶驱动及辅助设备运行的需要,船上锅炉通过燃烧燃油,产生热量满足燃油加温等操作的需要。船上的主机、辅机和锅炉消耗燃油的过程中,产生多种空气污染物,包括硫氧化物(SO_x)、氮氧化物(NO_x)和颗粒物(PM)(包括可吸入颗粒物 PM_{10} 和细颗粒物 $PM_{2.5}$)等,通常是港口和港口城市空气污染物的主要来源之一。中国香港特区政府环保署公布年度不同来源排放的二氧化硫(SO_2)、NO_x、PM_{10}、$PM_{2.5}$、挥发性有机化合物(VOC)以及一氧化碳(CO)量,图 1.1-1 所示为中国香港特区政府环保署公布的 2016 年香港空气污染物排放清单,其中水上运输即运输船舶活动排放的 SO_2、NO_x、PM_{10} 和 $PM_{2.5}$ 均是香港相应空气污染物的最大来源[1]。

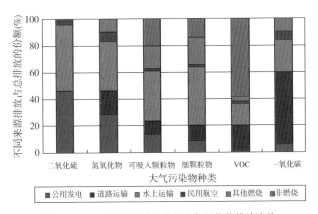

图 1.1-1 2016 年中国香港特区空气污染物排放清单

为有效减少船舶大气污染物排放,改善船舶活动密集区域环境空气质量,减少船舶大气污染物排放对民众健康的影响,国际上通过实施《国际防止船舶造成污染公约》(MARPOL 公约) 附则 VI 的船舶硫氧化物、氮氧化物和颗粒物排放控制标准,实现对船舶排放空气污染物的控制。

MARPOL 公约附则 VI 针对按照其程序设立的船舶排放控制区(ECA),实施更加严格的船舶硫氧化物、氮氧化物和颗粒物的排放控制标准,从而有效降低排放控制区内船舶空气污染物排放,改善港口区域乃至港口城市的环境空气质量,减少空气污染对港口及其周边工作和生活民众的健康影响。给那些试图对船舶大气污染物排放实施更加有效控制、应对港口及其周边工作和生活民众环保诉求的缔约国提供了有效的政策工具。

一些国家和地区在其有效管辖水域范围内,通过条约或者国内法,参照MARPOL 公约附则 VI 船舶大气污染物排放控制标准,制定实施的相应的区域性控制船舶大气污染物排放的政策措施,与 ECA 异曲同工。

1.1.2 概述

ECA 通常是指采用特殊强制措施防止、减少和控制船舶排放硫氧化物、氮氧化物或颗粒物或者这 3 种污染物,以便减少对船员健康或环境不利影响的区域。只控制硫氧化物和颗粒物的 ECA,称为硫氧化物排放控制区(SECA);既控制硫氧化物和颗粒物,也控制氮氧化物的 ECA,称为氮氧化物排放控制区(NECA)。

现行 MARPOL 公约附则 VI 关于氮氧化物控制规则 13,分 3 阶段给出了如图1.1-2所示的船舶氮氧化物排放控制标准,2000 年 1 月 1 日—2010 年 12 月 31 日期间建造或进行重大改装的船舶,安装的船用柴油机应满足第 1 阶段标准,否则应禁止使用;2011 年 1 月 1 日起建造或进行重大改装的船舶,安装的船用柴油机应满足第 2 阶段标准,否则应禁止使用;2016 年 1 月 1 日以后建造或进行重大改装且进入 NECA 区域航行的船舶,安装的船用柴油机应满足第 3 阶段标准,否则应禁止使用[2]。

鉴于氮氧化物的排放控制只针对实施氮氧化物排放控制日期之后建造的船舶,不溯及之前已经存在的船舶,而船舶的使用寿命又长且因为运输需求增长导致的年船舶数量增加有限,此外,为规避规则的限制,船公司可以在实施氮氧化物排放控制日期前,报告已经开始建造大量船舶,但是实际上是后续数年才真正开始建造并投入使用的船舶,因此,在刚开始实施氮氧化物排放控制的 NECA,氮氧化物排放控制的效果微乎其微。

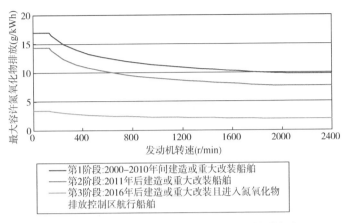

图 1.1-2 MARPOL 公约附则 VI 氮氧化物排放控制标准

现行 MARPOL 公约附则 VI 关于硫氧化物和颗粒物控制的规则 14,给出了如图 1.1-3 所示的船上使用燃油的硫含量上限控制标准,在 ECA 范围外活动船舶,船用燃油硫含量上限从 2012 年起由 4.5% 下降到 3.5%,2020 年起,将进一步下降到 0.5%;进入 ECA 范围活动船舶 2010 年 7 月 1 日起由 1.5% 下降到 1.0%,2015 年起,进一步下降到 0.1%[3]。

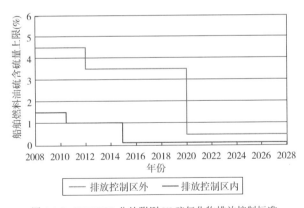

图 1.1-3 MARPOL 公约附则 VI 硫氧化物排放控制标准

船舶排放硫氧化物与船用燃油硫含量密切相关,大多船用燃油中的硫在船舶排放中均转化成二氧化硫(SO_2),ECA 控制船用燃油的含硫量,会直接导致船舶排放硫氧化物的减少,即使在刚刚设立的 ECA,船舶硫氧化物排放控制的效果也会立竿见影。

一些国家和地区强制实施的区域性控制船舶大气污染物排放的政策措施,控制要求根据条约或者国内法确定,既有较 MARPOL 公约附则 VI 相应控制标准要求更加严格的,也有较 MARPOL 公约附则 VI 相应控制标准要求更加宽松的。

1.1.3 实施

设立 ECA 需要经过相关 MARPOL 公约缔约国提出建议和国际海事组织(IMO)履行评估通过程序的过程[4];一些国家和地区强制实施的区域性控制船舶大气污染物排放的政策措施,通常将控制区域范围局限在有管辖权的水域范围,具体区域范围由条约或国内法确定。

一旦确定了船舶排放控制区域范围,对进入排放控制区的船舶排放实施有效的监管就成为取得船舶排放控制实效的关键所在。

1.1.3.1 设立 ECA 程序

设立排放控制区需要由一个或者多个 MARPOL 公约签约国向 IMO 提出建议,如果两个或更多的签约国对某一特定的区域有共同的关注,这些签约国应起草一个互相协调的建议。建议内容包括:

(1)1 份船舶排放控制的适用区域的明确描述,连同 1 张标有该区域位置的参考海图。

(2)控制船舶排放的类型建议,可以是硫氧化物、氮氧化物或颗粒物或者这 3 种污染物。

(3)1 份受到船舶排放威胁的人口和环境区域的说明。

(4)在所建议的排放控制区内,船舶排放对周边环境空气污染和不利环境影响的评估报告,评估内容包括船舶排放对居民健康和环境影响的描述,如对陆地生态和水域生态系统、自然生产力区域、濒危栖息地、水质、人类健康以及具有重要文化科学价值区域(如有)造成影响的说明并应标明有关资料包括所用的方法的来源。

(5)所建议的排放控制区和受到威胁的人口和环境区域内有关气象条件的相关资料,特别是主要风力分布,或有关地形学、地质学、海洋学、形态学或其他可能导致加重局部空气污染或不利环境影响的相关信息。

(6)所建议的排放控制区内船舶交通状况,包括船舶交通的模式和密度。

(7)1 份由建议提案国(一国或多国)对危及所建议的排放控制区的陆基硫氧化物、氮氧化物或颗粒物排放源影响所采取的控制措施以及按照排放控制区的硫氧化物、氮氧化物或颗粒物控制要求采取协同措施的说明。

（8）与陆上控制相比较,减少船舶排放的相对成本以及与国际贸易相关航运的经济影响的说明。

排放控制区域的地理界限将根据上述所列的有关信息,包括来自航行于所建议的排放控制区域内的船舶排放和沉积量,交通模式和密度以及风况来确定。

IMO 根据建议中提供的信息进行相关评估,以 MARPOL 公约附则 VI 修正案形式设立 ECA,修正案按照 MARPOL 公约的要求审议、通过和生效。

从向 IMO 提交设立 ECA 建议到 ECA 正式启用通常需要经历一个过程,时间较长,从 2009 年 3 月递交设立北美 ECA 的建议书,到 2012 年 8 月 1 日北美 ECA 正式启用,经历了 40 个月;从 2010 年 6 月递交美国加勒比海 ECA 的建议书,到 2014 年 1 月 1 日美国加勒比海 ECA 正式启用,经历了 41 个月。

1.1.3.2 船舶排放控制监管

船舶进入 ECA 航行,需要执行 MARPOL 公约附则 VI 对于进入 ECA 船舶的排放控制要求,增加船舶的建造或者营运成本,船东或者船舶经营人没有主动性和自觉性执行船舶排放控制要求,需要实施严格的监管,才能达到预期的控制船舶大气污染物排放的目的。

目前,主要通过船舶报告/港口国监督(PSC)的方式确认船舶执行了 ECA 的船舶排放控制要求。

对于船用燃油硫含量监管,采用的手段是在对靠港船舶实施港口国监督的过程中,检查船舶文书(燃油转换程序、换油操作记录、加油记录以及燃油供受单证)或者抽取船用燃油样品送国家认可实验室检查,确认船舶使用或者储藏的是合规燃油;如果船舶发动机具有温度变化历程记录,则可以结合船舶换油记录,确认船舶完成换油时间和地点满足控制要求。对于船舶氮氧化物的排放监管,采用的手段是检查船舶防止空气污染证书(IAPP)和发动机产品证书,确认船用发动机或含配置的后处理系统的氮氧化物排放性能满足规定的要求。

当前,国际上也在开发和应用各种监测技术以便简化和取代传统的船舶排放控制监管方法,提高监管效率和水平,如使用船用燃油硫含量快速检查设备直接检测船用燃油硫含量;使用无人机或者直升机载嗅探器,探测船舶烟羽污染物浓度进而判断船用燃油硫含量;使用装有高灵敏度的嗅探器的固定监测站,通过监测船舶烟羽污染物的浓度,结合船舶自动识别(AIS)信息,自动监测和报告经过附近船舶使用燃油硫含量等。

1.1.4 前景

目前,全球设有 4 个 ECA,分别是 2006 年 5 月 19 日正式启用的波罗的海 SECA,地理范围涵盖波罗的海本身以及波的尼亚湾、芬兰湾和以斯卡格拉克海峡 中斯卡晏角处的北纬 57°44.8′为界的波罗的海入口构成的水域;2007 年 11 月 22 日正式启用的北海 SECA,地理范围涵盖北纬 62°以南和西经 4°以东的北海海域以 及斯卡格拉克海峡,南至斯卡晏角以东北纬 57°44.8′,英吉利海峡及其西经 5°以东 和北纬 48°30′以北的入口处构成的海域;2012 年 8 月 1 日正式启用的北美 NECA, 地理范围涵盖北纬 60°以南美国和加拿大太平洋沿岸外的海区,北纬 60°以南美 国、加拿大和法国圣皮埃尔密克隆大西洋沿岸外的海区以及美国墨西哥湾和夏威 夷岛、毛伊岛、瓦胡岛、莫洛凯岛、尼豪岛、考艾岛、拉奈岛、卡霍奥拉维岛等夏威夷 岛屿沿岸外的海区;2014 年 1 月 1 日正式启用美国加勒比海 NECA,地理范围为波 多黎各和美属维尔京群岛周边水域。其中波罗的海 ECA 是基于其为 MARPOL 公 约附则 I 界定的防止油类污染的特殊区域而设立的;北海 ECA 是基于其为 MARPOL 公约附则 V 界定的防止船舶垃圾污染的特殊区域而设立的;北美 ECA 的 设立建议书最初是由美国和加拿大在 2009 年 3 月递交给 IMO;2009 年 7 月法国代 表圣皮埃尔密克隆群岛加入附议;2010 年 3 月 26 日海洋环境保护委员会(MEPC) 第 60 次会议接受设立北美 ECA 的建议,通过 MARPOL 公约附则 VI 修正案;2011 年 8 月 1 日,MARPOL 公约附则 VI 修正案生效;2012 年 8 月 1 日,北美 ECA 正式 启用。美国加勒比海排放控制区的设立建议书最初是由美国在 2010 年 6 月递交 给 IMO;2014 年 1 月 1 日正式启用。

MEPC 第 71 次会议决定从 2021 年 1 月 1 日起,北海 SECA 和波罗的海 SECA 升格为 NECA,之后新造并进入上述 NECA 运行的船舶,氮氧化物排放需要满足 MARPOL 公约附则 VI 设定的 ECA 相应船舶排放控制标准[5]。

为进一步减少全球航运排放的大气污染物,改善港口城市和人类生存环境,国 际上有多种未来可能会成为 ECA 的区域的预测,未来可能成为 ECA 的区域包括墨 西哥、阿拉斯加、大湖区、挪威、新加坡、中国香港、韩国、澳大利亚、黑海、地中海以 及东京湾沿岸区域。

除了 ECA 之外,一些国家和地区还实施强制性的区域性控制船舶大气污染物排放的政策措施。

（1）欧盟要求靠港船舶使用低硫油

欧盟法令强制要求，从2010年1月1日起，在欧盟港口停泊（包括锚泊、系浮筒、码头靠泊）超过2小时的船舶不得使用硫含量超过0.1%的燃油（该要求不适用于停掉所有机器而使用岸电的船舶）。

（2）美国加州要求远洋船舶近海航行使用低硫馏分燃料油

美国加州法律强制要求在加州水域及距加州基线24n mile范围内航行远洋船舶使用船用轻柴油（DMA）和船用柴油（DMB），并要求燃油硫含量满足：

- 2009年7月1日起，DMA和DMB硫含量上限分别为1.5%和0.5%；
- 2012年8月1日起，DMA和DMB硫含量上限分别为1.0%和0.5%；
- 2014年1月1日起，DMA和DMB硫含量上限0.1%。

（3）美国加州要求靠港船舶使用岸电

美国加州法律强制要求从2014年1月1日起挂靠加州港口的集装箱船（船公司船舶年挂靠加州港口25次以上）、邮船（船公司船舶年挂靠加州港口5次以上）和冷藏货物运输船靠泊期间必须不断加大关闭引擎、使用岸电的比例。法律规定的各船公司挂靠每一个加州港口的船舶使用岸电的挂靠次数占其在该港口总挂靠次数的比例，2014—2016年期间，达到50%；2017—2019年期间，达到70%；2020年之后，达到80%。如果船公司挂靠船舶不能满足上述要求，每次停靠将根据情况罚款1000~75000美元。

（4）中国香港强制靠港远洋船舶使用低硫油

中国香港特区法律要求，从2015年7月1日起，所有远洋船舶在香港停泊时使用符合规定要求的燃料，包括硫含量上限为0.5%的低硫船用燃油、液化天然气（LNG）以及特区政府环境保护署认可的其他燃料。

（5）中国大陆要求局部区域范围内船舶使用低硫燃油

中国大陆依据《中华人民共和国大气污染防治法》，设立了珠三角、长三角、环渤海（京津冀）水域船舶排放控制区[6]，分阶段分港口对船舶靠港或者在区域内航行提出了使用硫含量上限为0.5%的船用燃油的强制要求。为适应中国"打赢蓝天保卫战"工作的需要以及国际船舶大气污染排放控制要求的变化，中国2018年11月30日发布了新的《船舶大气污染物排放控制区实施方案》，进一步扩大排放控制区范围并强化控制要求。

1.2　港区船舶减速航行

1.2.1　背景

船上发动机通常需要消耗燃油等能源,产生动力满足船舶驱动及辅助设备运行的需要,船上锅炉通常需要燃烧燃油或者 LNG 等能源,产生热量以满足燃油加温等操作的需要。船上的主机、辅机和锅炉消耗燃油过程中,产生多种空气污染物,包括 SO_x、NO_x 和 PM(包括 PM_{10} 和 $PM_{2.5}$)等,港区水域船舶航行产生的大气污染物排放,通常是港口和港口城市空气污染物以及噪声的主要来源之一。

减少港区航行的船舶的大气污染物排放的途径:

(1)节约能源,减少能源消耗和污染物排放;

(2)使用更加清洁的燃料,包括使用低硫燃油代替高硫燃油、使用馏分燃料油代替残渣燃料油、使用液化天然气代替船用燃油;

(3)使用后处理系统减少硫氧化物、氮氧化物和颗粒物的排放。

其中节约能源是基础性和根本性的减少能源消耗和污染物排放的途径,即使在可以使用更加清洁的燃料并配置后处理系统的情况下,节约能源也依然有利于减少污染物排放。

船舶适当减速航行,发动机功率下降,可以减少燃油消耗、降低噪声。港区地理范围有限,船舶在港区减速航行,航程较短,对船舶运力的发挥也不会产生显著影响,有利于减少船舶在港区的燃油消耗,从而减少大气污染物排放,同时降低港区噪声。

1.2.2　概述

港区船舶减速航行就是在船舶进入港区范围内时,将航行速度降低到规定的要求,使得船舶在港区范围内的燃油消耗量减少,从而减少港区范围内船舶大气污染物排放的过程。

以下说明船舶减速航行可以降低燃油消耗的原理[7]。

1.2.2.1　航速与主机功率的关系

船舶主机可以经离合器或者减速箱驱动螺旋桨工作,螺旋桨从主机吸收到的功率与其转速的关系如下:

$$P_p = C_0 \cdot n_p^3$$

式中：P_p 为螺旋桨吸收功率；n_p 为螺旋桨转速；C_0 为常数。

上式表明螺旋桨的吸收功率与转速的三次方成正比。如果不计传动损失，螺旋桨的吸收功率就等于主机功率。主机功率 P_e 与螺旋桨转速关系如下

$$P_e = P_p = C_0 \cdot n_p^3 \tag{1.2-1}$$

在稳定海况下匀速航行时，船舶受到的航行阻力 R 和螺旋桨产生的有效推力 T 是相等的，即

$$T = C \cdot n_p^2 = a \cdot V_s^2 = R$$

式中：C 为推力系数；a 为阻力系数；V_s 为航速。

上式中的系数 a、C 之值是由船舶的尺度、线型及航行状态决定，当船舶保持匀速航行时，A 和 C 可以视为常数。因此有

$$V_s = A \cdot n_p \tag{1.2-2}$$

式中：A 为常数。

上式表明航速与螺旋桨转速之间成正比关系。

综合式（1.2-1）和（1.2-2），有

$$P_e = B \cdot V_s^3 \tag{1.2-3}$$

式中：B 为常数。

上式表明主机功率与航速的三次方成正比关系。

1.2.2.2　航速与油耗量的关系

假设 b_m 为每海里燃油消耗量（kg/n mile），D 为动力装置每小时耗油量（kg），V_s 为船舶航速，则有

$$b_m = D/V_s \tag{1.2-4}$$

由式（1.2-3）和（1.2-4）有

$$b_m = D/V_s = (D/V_s) \cdot (B V_s^3/P_e) = B b_e V_s^2 \tag{1.2-5}$$

式中：b_e 为主机燃油消耗率（kg/kWh）。

上式表明每海里燃油消耗量与航速的平方和主机燃油消耗率的乘积成正比，在一定的范围内船舶低速航行时，尽管 b_e 会增大，但是 b_m 则会降低，在这种状态下，船舶在港区减速航行，可以减少船舶消耗的燃油总量，从而减少港区船舶大气污染物排放。

实际船舶测试结果表明，船舶减速航行非常有利于减少单位航程氮氧化物和

颗粒物的排放,也非常有利于减少单位航程二氧化碳的排放(即节能)[8]。

新西兰和加拿大的研究均表明,船舶以超过 10kn 的速度在水域内航行会压缩生活在附近的珍稀大型水生动物或鱼类的通讯空间,导致其死亡,为此,要求船舶在这些区内航行时将速度控制在 10kn 以内[9,10]。

1.2.3　实施

在划定的港区水域范围,对进出港船舶提出减速航行的要求,限制船舶最大航速,港口管理当局通过船舶交通管理系统(VTS)进行监管,确认船舶是否按照要求采取了减速航行措施。可以强制实施,也可以给实施港区减速航行的船舶进行适当的奖励,包括港口费用适当减免或者其他进出港和靠泊的优惠措施。

美国长滩港实施的"绿旗计划"就是一个船舶港区减速航行的激励计划[11]。

鉴于船舶低速航行有利于减少船舶大气污染物排放,自 2006 年 1 月 1 日起,长滩港开始实施一项船公司自愿参加的降低船舶航行速度的绿旗计划,鼓励船舶在靠近海岸 20n mile 的范围内将航行速度降到 12kn 以下。作为对船公司参与绿旗计划、重视环境保护的回报,长滩港将减收这些船公司的船舶港口费。

长滩港界定以费尔曼角(Point Fermin)灯塔为中心、半径 20n mile(2009 年扩大到 40n mile)的半圆海域为参加绿旗计划船舶自愿降低航行速度的区域范围,由美国南加州海事交换中心(Marine Exchange of Southern California)负责检测并记录在此范围内航行的船舶速度,并以 12 个月为时间单位,统计船舶执行绿旗计划的情况。如果船公司挂靠长滩港的船舶在 12 个月内 100%地执行绿旗计划要求,船公司将获得绿旗作为环保成就奖;如果在 12 个月内船公司在距离费尔曼角 20n mile 范围内实施减速航行船舶比例达到 90%,则未来一年内的港口费将减收 15%;在距离费尔曼角 40n mile 范围内实施减速航行船舶比例达到 90%,则未来一年内的港口费将减收 25%[12]。

2012 年,83%以上的挂靠长滩港船舶在距离费尔曼角 40n mile 范围内实施减速航行;接近 96%的挂靠长滩港的船舶在距离费尔曼角 20n mile 范围内实施减速航行。自从设立绿旗奖励计划到 2012 年底,200 多家船公司获得减免港口费奖励,减少了 75%与港口运作相关的柴油污染物排放[13]。

2014 年,89.14%的挂靠长滩港船舶在距离费尔曼角 40n mile 范围内实施减速航行;98.5%的挂靠长滩港的船舶在距离费尔曼角 20n mile 范围内实施减速航行[14]。

2017 年,91.17%的挂靠长滩港船舶在距离费尔曼角 40n mile 范围内实施减速航,97.02%的挂靠长滩港的船舶在距离费尔曼角 20n mile 范围内实施减速航行[15]。

洛杉矶港从 2008 年 6 月 18 日开始实施船舶港区减速航行计划,对于在距港口 20n mile 范围内将航速控制在 12kn 的船舶,给予相当于第 1 天港口费 15%的奖励;如果一个船公司在一个自然年度内 90%的船舶在此范围内减速航行,则该船公司所有船舶均将获得奖励。2009 年 9 月 29 日,除了已有的减速航行奖励计划外,又新设 1 级减速航行奖励计划,对于在距港口 40n mile 范围内将航速控制在 12kn 的船舶,给以相当于第 1 天港口费 30%的奖励;如果一个船公司在一个自然年度内 90%的船舶在此范围内减速航行,则该船公司所有船舶均将获得奖励[16]。

洛杉矶港执行船舶港区减速航行计划的船舶越来越多,2015 年在 20nm 和 40n mile实施减速航行计划的船舶比例分别为 93%和 83%,2017 年这一比例提高到 97%和 88%。

1.2.4 前景

船舶在港区有限的范围内实施减速航行,航程较短,对船舶运力的发挥影响不大,却能够有效减少港区船舶大气污染物排放,改善港区环境控制质量,此外,还有利于减少港区水下噪声,避免对大型水生动物或鱼类生存环境产生不良影响。目前,实施船舶港区减速航行计划的港口有长滩港、洛杉矶港、纽约新泽西港等港口。另外有一些地区为了减少船舶航行对大型水生动物或者鱼类的影响,也限制船舶航速。

在一些船舶交通不很繁忙且调度有序的港口,可以考虑实施港区船舶减速航行,减少船舶大气污染物排放。

1.3 港口排放清单

1.3.1 背景

冷战结束后,随着全球化的不断深化和国际贸易的蓬勃发展,作为国际间贸易支撑的水运行业也取得了飞速发展。世界主要港口获得巨大的资源支持,以完成大型化和深水化扩建,其船舶流量与货物吞吐量随之取得爆炸性的飞跃式发展,形成众多现代化国际航运枢纽。许多航运枢纽港口和城市在地理上衔接,港口发展与城市发展相互依存,港口的运作对城市的空气质量影响很大。港口既是经济活动水平很高即大气污染排放源密布的区域,同时也与人口分布密度很高的城市区域毗邻甚至重合。但与开展历史较早的城市空气质量研究工作相比较,港口所涉各机构和企业的大气污染排放研究与控制工作相对滞后。特别是传统空气质量相关研究多针对固定空气污染物排放源,对移动空气污染排放源研究较少;而港口内部及向外发散的各种移动空气污染排放源众多,这更增加了对港口空气质量进行研究和控制的工作难度。

与此同时,随着全球进入信息化革命后经济社会的全方位发展,人类经济活动对于空气质量的负面影响逐渐加大,而公众对此的感知和反馈效应比以往要成倍增长,许多具有重大社会影响的大气污染事件的出现给予各国政府和相关企业及机构以巨大的环境治理压力和动力。在此背景下,港口领域作为空气质量研究与控制相对滞后的行业,所受到的压力更为凸显,环境治理带来的压力影响甚至阻碍了港口经营活动的运转和发展。

对于面临控制港口大气污染排放、改善港口周边空气质量巨大压力的政府当局和港口运营方来说,从哪个角度下手进行控制效果最好、效益最大,依靠什么样的技术手段和政策方法进行控制成为摆在他们面前的棘手难题。因此,对港口大气污染情况进行全覆盖、精细化和目标导向的量化分析与研究,成为各国重要港口密切关注的课题。

进入 21 世纪,作为世界上最发达国家的美国开始感受到大气污染给港口行业发展与管理带来的巨大压力。起因是经过 20 世纪 90 年代美国经济因为率先步入信息化革命快车道而取得了长足发展,同时全球化的深入变革及中国改革开放前 20 年的巨大成功所导致的全球产业链再分工,共同促使美国加利福尼亚州成为美国传统农业、信息技术产业、新经济下的加工制造业(包括生物制药、清洁能源、航天航空等)以及旅游、影视、教育、卫生等高度发达且发展后劲十足的第三产业集一身的超级产业集群区域。其域内制造业实力雄厚且产业多元,随之而来的能源大量和超强度使用也对加州大气环境造成极其负面影响。同时作为人力密集行业的信息技术和第三产业高度发达,增速也多年保持较高水平,吸引了众多外来人口不断涌入,加州特殊的地理环境又造成人口和二、三产业主要分布在北边以旧金山市为中心的港湾沿岸地带和南部以洛杉矶市为中心的海滨平原地带。这种人口和产业的集聚又放大了民众对空气污染的接触和负面感受。第三个不利因素是全球产业分工的深化带来中美太平洋航线间贸易与运输的爆炸性增长,随之而来的是加州沿岸特别是洛杉矶地区港口的超负荷发展与运行。产业、人口、港口交通与运输,三个与大气污染物排放与人体接触紧密相关的因素在洛杉矶地区地理范围内高度重合,酝酿了20世纪初洛杉矶圣佩德罗湾区两大港口——洛杉矶港和长滩港开始最早进行大气污染治理的令人惊叹的历程[17-20]。显示加州GDP总量规模的数据可见表1.3-1和表1.3-2[17],显示加州人口密度分布和发展走势可见图1.3-1和图1.3-2[18],洛杉矶港和长滩港运输量的发展趋势可见表1.3-3中的数据[19,20]。

2000—2011年GDP年产值 表 1.3-1

年　份	当前货币 (亿美元)	2005基期货币 (亿美元)	2005年基期 产值百分比
2000	13195	14723	89.6
2001	13400	14739	90.9
2002	13872	15026	92.3
2003	14611	15496	94.3
2004	15698	16208	96.9
2005	16889	16889	100.0
2006	17982	17454	103.0
2007	18709	17635	106.1
2008	19005	17561	108.2
2009	18288	16733	109.3
2010	18776	17019	110.3
2011	19589	17354	112.9

2011年GDP全球排名 表 1.3-2

名次	国家(地区)	GDP(万亿美元)	名次	国家(地区)	GDP(万亿美元)
1	美国	15.54	9	俄罗斯	2.05
2	中国	7.57	10	加州	2.05
3	日本	6.16	11	印度	1.82
4	德国	3.76	12	加拿大	1.79
5	法国	2.86	13	西班牙	1.49
6	巴西	2.62	14	澳大利亚	1.39
7	英国	2.63	15	墨西哥	1.18
8	意大利	2.28			

1998 年美国加利福尼亚州空气资源委员会(CARB)宣布柴油机工作燃烧柴油所产生的颗粒物被证实为有毒有害的空气污染物,其后于 2000 年发布实施"柴油风险削减计划"以在加州全境开展相关人体和环境风险的控制工作。2000 年南加州空气质量管理局(SCAQMD)发布了多种有毒有害气体物质人体接触实验的结果,评估认为南加州空气谷地(SoCAB)区域的癌症风险为百万分之 1400,其中70%的风险是由柴油颗粒物(DPM)造成的且港口区域受到了 DPM 的显著影响。而加州环境保护署推荐的癌症风险极值仅为百万分之 300。在此背景下,港口不断增长的交通运输活动引发了洛杉矶地区港口周边居民对空气质量和自身健康的严重担忧[21]。

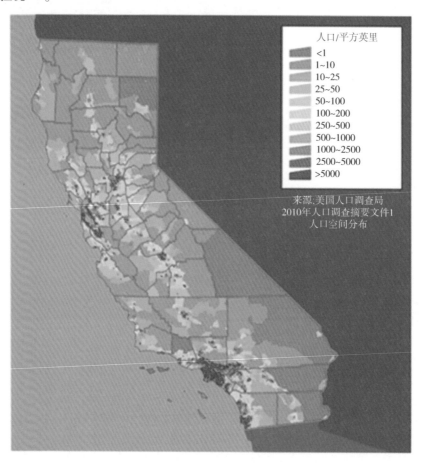

图 1.3-1 2010 年加州人口密度分布

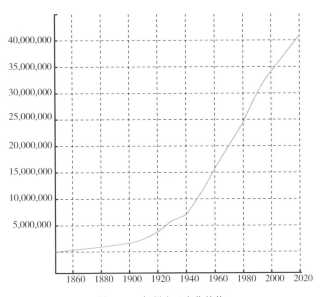

图 1.3-2　加州人口变化趋势

（注：Y 轴为人口，X 轴为年份）

1996—2005 年洛杉矶港与长滩港集装箱吞吐量　　　　表 1.3-3

年份	洛杉矶港集装箱吞吐量（百万 TEU）	长滩港集装箱吞吐量（百万 TEU）	年份	洛杉矶港集装箱吞吐量（百万 TEU）	长滩港集装箱吞吐量（百万 TEU）
1996	2.7	3.07	2001	5.2	4.46
1997	2.9	3.50	2002	6.1	4.53
1998	3.4	4.10	2003	7.1	4.66
1999	3.8	4.41	2004	7.3	5.78
2000	4.9	4.60	2005	7.5	6.71

　　同期，受高速经济增长和港口经营活动不断扩大利好刺激的洛杉矶港和长滩港正在准备进行港口扩建，但周边社区与居民出于大气环境的担忧提出反对，最终使得港口扩建不断推迟，错过了港口经济发展的黄金机会[22]。通过图 1.3-3 可明显看到，洛杉矶港在 20 世纪 90 年代后期得到长足发展，但进入 21 世纪初，洛杉矶港在 2003—2005 年放缓，长滩港是 2001—2003 年放缓[19,20]。彼时，为应对周边社区与居民对港口空气污染的担忧，并响应时任洛杉矶市长 James Hahn 的要求，洛杉矶港海港委员会于 2001 年 10 月 10 日率先提出以当日为起点未来港口运营活动空气污染物排放及交通运输对空气质量的不良影响"零增长"的目标[21]。

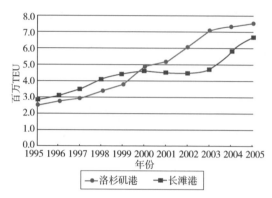

图 1.3-3　1995—2005 年洛杉矶港与长滩港集装箱吞吐量变化趋势

为达成所提出的空气质量和居民健康保护目标,洛杉矶港需要采取大量控制措施,其起点和基础为一系列环境基准研究,包括大气污染物排放基准清单、港口周边社区居民健康风险评估以及减少柴油排放措施的相关研究。其中港口大气污染物排放清单又是一切环境基准研究的基础,洛杉矶港委托第三方咨询机构 Starcrest Consulting Group,LLC 编制并于 2005 年 7 月发布了 2001 年度的洛杉矶港大气污染物排放基准清单,成为最早编制港口排放清单的港口之一[21]。其后自 2005 年起,每年编制并发布前一年度的洛杉矶港大气污染物排放清单,为洛杉矶港控制大气污染排放的水平评估、政策制定、工作效果追踪监测提供了巨大支撑[19]。

1.3.2　概述

排放清单指对于排入大气中的污染物排放量进行的相关统计活动及其结果。一份排放清单通常包含一种或多种指定的温室气体或大气污染物,它们均为在一特定地理范围内、在一指定时间段内所有种类的排放源所产生的排放物。一般情况下,排放清单由如下五个特征进行定义。

(1)排放源:导致排放的相关活动;

(2)污染物:所涉及大气污染物的物理、化学特征及其排放量;

(3)地理范围:界定所要统计相关排放的空间边界范围;

(4)统计周期:界定所要统计相关排放的时间边界范围;

(5)清单编制方法:进行清单统计和编制的方法学。

依照以上定义所编制的排放清单可用于相关科学研究以及政策制定与实施[23]。

港口排放清单,即将排放源、地理范围及清单编制方法高度聚焦于港口经营活动所涉及的排放活动、经营活动所达的地理范围和所在行业通用的相关统计方法的排放清单。编制此类清单,可为港口大气污染情况的基准调查和相关研究提供量化指标和分析结果,为港口空气质量控制的相关政策研究与措施出台提供数据支撑和精细化的包括前期研究、中期评审、后期跟踪评估在内的全周期技术支持。

洛杉矶港自 2005 年起持续编制年度港口排放清单,并将统计数据进行跟踪比对。所形成的港口排放数据库及对比分析,支撑了洛杉矶港针对不同排放源有目的性地完成系列港口空气质量控制行动方案的出台和持续改进,并将其打包进行整体推进以协调各单项行动的排放控制效果。该行动被命名为圣佩德罗湾区港口清洁空气行动方案,除洛杉矶港外,长滩港也加入其中。根据两个港口编制的年度排放清单结果,所采取的专项行动包括[24]:

(1)针对海船:洛杉矶港船舶环境指数计划、长滩港绿色船舶激励项目、船舶减速航行(洛杉矶港船舶减速项目和长滩港"绿旗"减速项目)、强制靠港船舶使用岸电;

(2)轨道机车:遵循加州相关法规进行合规运行、限制港区轨道机车怠速空转;

(3)港作机械:遵循加州相关法规进行合规运行、升级替换老旧柴油动力设备、试用零排放港作机械;

(4)针对港区外来源的集疏运卡车:清洁卡车项目;

(5)港作船:强制靠泊港作船使用岸电、使用混动拖船;

(6)能源供应与使用:洛杉矶港能源管理行动方案、长滩港能源行动计划。

通过上述措施的有效实施,圣佩德罗湾区的港口排放得到有效控制,空气质量大幅改善。通过每年的港口排放清单编制,其跟踪结果显示出政策措施的有效性,揭示出未来港区大气保护行动的方向,同时也回应了港区周边民众对于港口经营活动对于环境负面影响的关切和担心。表 1.3-4 显示了至 2016 年洛杉矶港对比 2005 年各港口大气污染排放的减少情况[25]。

2016 年对比 2005 年洛杉矶港排放量减少一览 表 1.3-4

污染物	海船		卡车		港作船		轨道机车		港作机械		合计	
	%	t	%	t	%	t	%	t	%	t	%	t
DPM	90	419	97	241	52	29	50	28	91	48	87	765
$PM_{2.5}$	87	373	97	230	52	26	49	26	88	43	85	699
PM_{10}	89	474	97	240	52	29	50	28	88	47	86	818
NO_x	40	2095	71	4450	43	568	54	932	72	1139	57	9183
SO_x	98	4718	90	41	89	6	99	97	82	8	98	4869

1.3.3 实施

对于一个港口而言,完成排放源、污染物、地理范围、统计周期及清单编制方法等五个特征的界定,则可为完成港口排放清单的编制工作奠定基础。

统计周期的界定较为容易,一般各种排放清单都普遍选择一个自然年为统计周期,港口排放清单也是如此。

目前,各国政府和科学界对于大气污染物都有较为成熟的科学定义和相关监测标准,港口在编制排放清单过程中可选择自己拟进行控制的污染物进行重点研究。除 SO_x、NO_x、颗粒物、一氧化碳(CO)、挥发性有机物(VOC)、碳氢化合物(HC)、臭氧(O_3)等传统意义上的大气污染物外,近年来无论是港口还是其他行业,都越来越重视以二氧化碳(CO_2)为代表的温室气体排放清单研究。有不少港口在编制传统污染物排放清单同时,也开始启动碳排放清单的编制工作。

在对污染物进行界定之后,可同步开展排放源的活动调查及其地理范围的界定工作。大体而言,依据排放源的活动和排放特征,港口所涉及的排放源可分为移动排放源和固定排放源两类,具体分类可见表 1.3-5[26]。

港口大气污染物排放源分类及特征　　　　　　　　　　　表 1.3-5

大　类	小　类	具　体　排　放　源	排放污染物
移动排放源	海船	来往于清单编制港口和其他港口间的货物运输船舶,包括集装箱船、油船、干散货船、化学品船、杂货船、冷藏船、滚装船、豪华游轮等	石化燃料燃烧排放的大气污染物(包括颗粒物)和温室气体
	港作船	在港区管辖水域内活动的船舶,包括渡轮、渔船、娱乐艇筏、拖轮、疏浚船等	
	港作机械	在港区内用于货物装卸和运输的各类机械,包括集装箱装卸桥、堆垛机、叉车、起重机、装船机等	
	轨道机车	用于港区内外运输或周转的牵引机车挂车、编组机车等	
	港区外来源的集疏运卡车	用于港口与后方腹地间货物运输的卡车	
固定排放源(有组织排放)	港区供电、供热设施	相关设施进行燃煤、燃油、燃气燃烧等产能和产热活动	

续上表

大　类	小　类	具 体 排 放 源	排放污染物
固定排放源 （无组织排放）	油气存储与运输设施	油、气、化学品在储油罐、运输管道、运输车、船等储运过程中的泄露和挥发	挥发性有机物
	干散货存储与运输设施	煤炭、矿石等干散物料在装卸、运输和堆存过程中产生的扬尘	颗粒物

在对各排放源活动的调查过程中，可同步参考相关活动与港口经营间联系的紧密程度、相关数据的可获得性及制定政策的可行性来界定各排放源的地理范围边界。其后通过对地理范围内各种排放活动全面而详尽的调查，得到用于进行统计核算各污染物排放量的源数据，包括活动水平和各类转换因子等。

在收集上述源数据的过程中，需要进行各类污染物排放量计算的方法学的界定，即清单编制方法的界定。由此，即可获得调查所需的活动水平和各类转换因子的定义和指标。对于世界上较早开展排放清单编制的国家，一般政府相关职能主管部门已颁布和实施各类污染物排放核算的技术指标与计算方法。

洛杉矶港自编制 2001 年度大气污染物排放基准清单并于 2005 年起每年编制年度港口排放清单以来，通过近 20 年的积累，形成了完善的编制港口排放清单的组织机制和系统。

组织机制方面，相关工作由洛杉矶港委托至第三方咨询机构 Starcrest Consulting Group, LLC 具体实施相关技术工作，以保证报告的客观性、独立性和专业性。同时，为更好开展报告编制所涉及的各类调查、访谈和协调工作，洛杉矶港也与在同时进行港口排放清单编制以共同开展圣佩德罗湾区港口清洁空气行动方案的长滩港牵头组建了技术工作组，除两个港口和第三方咨询机构外，还包括了所涉及的政府主管机构：美国环境保护署（EPA）、CARB 和 SCAQMD。此外，经过多年持续的清单编制工作，港口和咨询机构已经与排放源所属企业和机构建立了良好联系，确保了每一年度清单编制所需的调查和访谈的顺利进行，这些调查和访谈所涉及受访者来自船东公司、码头公司、集疏运卡车公司、港作船运营企业、铁路公司等[25]。

洛杉矶港排放清单自创立起，统计周期持续固定为一年，一般于每年 7 月在其官方网站上公布上一自然年的港口排放清单[19]。

由于洛杉矶港排放清单初始是为了应对周边社区居民关于港口排放 DPM 的

关切而进行编制,因此在 2001 年度基准排放清单编制时,重点选取了 PM_{10} 和细颗粒物($PM_{2.5}$)作为研究对象,NO_x 和 SO_2 作为颗粒物二次生成的污染源也被纳入了清单,其他包含的污染物还有洛杉矶地区有污染事件历史的 CO 和总有机气体(TOG)[21]。经过 10 多年的发展历程,目前洛杉矶港排放清单所包括的污染物有 PM_{10}、$PM_{2.5}$、DPM、NO_x、SO_x、CO、HC 及二氧化碳当量(CO_2e)[25]。

由于 SCAQMD 在 20 世纪就已经针对南加州区域的所有大气污染物有组织排放的固定源进行审批与核查管理[21],且对于港口而言固定源排放量远远不及移动源。因此,在启动伊始,目标在于支持控制 DPM 排放的洛杉矶港排放清单就聚焦于港区运营相关的各种移动排放源。多年来,洛杉矶港每年发布的排放清单中的各排放源核算章节一直是以下 5 种:海船、港作船、港作机械、轨道机车和重载车辆(港区外来源的集疏运卡车)。在每一章节中描述该排放源的具体分类、排放源的地理范围、所访谈和收集的数据指标类型、排放源的活动描述、排放计算方法学和计算结果[19]。

对于各排放源的活动调查,洛杉矶港在进行 2001 年度基准排放清单编制时就已完成,图 1.3-4 显示的是洛杉矶港吞吐量最大的集装箱货物的进口流程,其出口流程与图内所示的相反[21]。

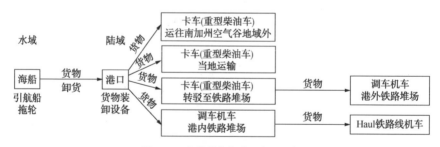

图 1.3-4 集装箱货物进口流程示意

对于各排放源的地理范围,可参见图 1.3-5。其中海船与港作船排放计算的地理范围为以洛杉矶港 Fermin 点为圆心的 40 海里范围水域内;港作机械排放计算的地理范围为港口的码头区域内;轨道机车排放计算范围为从港内起始沿轨道最远至 SoCAB 边界为止,若终点落在 SoCAB 边界内则至终点为止;卡车排放计算范围为港内所有活动及港外最远至 SoCAB 边界为止[25]。

对于各排放源所使用的清单编制方法,海船方面是基于每一个海船发动机的活动水平转换为燃料消耗最终计算出污染排放,由于海船来源众多,相关转换参数有美国内外的多种来源[27];港作船方面是基于每一个港作船发动机进行的累积核算,相关标准和方法大多采用 CARB 制定的标准方法[28];港作机械方面使用的是 CARB 制定有专门的排放清单编制方法[29];轨道机车采用燃料转化法,所使用的转换参数主要来自于 EPA 和 CARB[27];重载车辆方面使用的是 CARB 所开发的专门核算该排放源清单的计算模型——EMFAC2014[25]。

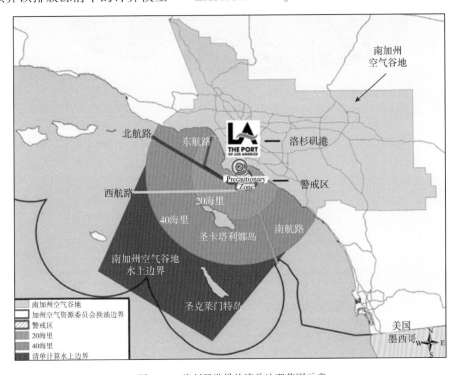

图 1.3-5　洛杉矶港排放清单地理范围示意

通过以上界定出五个排放清单的重要特征,依靠对相关机构和企业的全面且翔实的调研和数据收集,最终洛杉矶港形成了丰富的核算结果。对于每一年度公布的清单,为应对公众对于环境与健康的关切,显示相关港口空气质量控制措施的成果,清单均会对以下方面做出回应:一是港口排放对于整个周边区域的影响;二是历年来所采取控制措施取得的成效;三是针对各细分的排放源排放现状如何、所采取的针对性政策措施效果如何。以洛杉矶港口周边民众最关切的 DPM 为例,2016 年洛杉矶港对周边区域 DPM 排放的总体贡献见图 1.3-6,其历年变化趋势见图 1.3-7,体现 DPM 排放相关控制措施造成的变化与达标成效见图 1.3-8,体现针对各排放源专项控制措施效果的各排放源排放变化趋势见表 1.3-6[25]。

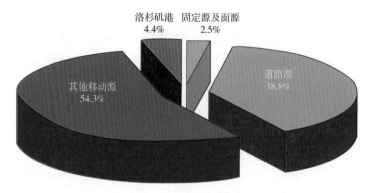

图 1.3-6　SoCAB 区域 DPM 排放来源一览

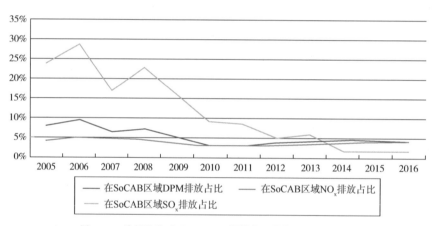

图 1.3-7　洛杉矶港对于 SoCAB 区域排放贡献率逐年变化一览

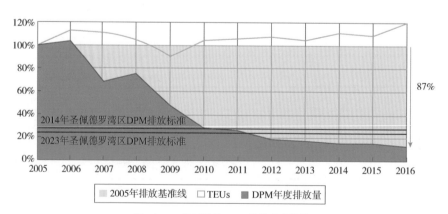

图 1.3-8　洛杉矶港 DPM 排放变化趋势

洛杉矶港各排放源 DPM 排放量变化一览（单位：t/年）　　表 1.3-6

排放源类别	2005	2015	2016
海船	466	57	47
港作船	55	30	27
港作机械	53	7	5
轨道机车	57	30	28
重载车辆	248	8	8
合计	879	132	115
累计变化率		−85%	−87%

1.3.4　前景

根据国际运输联盟（ITF）2014 年发布的报告，洛杉矶港于 20 世纪初开始研究港口排放清单并发布 2001 年度基准排放清单，是全球最早发布排放清单的港口。此外，ITF 的不完全统计显示截至 2014 年底共有 13 个港口编制并发布年度排放报告，其中超过一半来自北美（美国 6 个、加拿大 1 个），还有 4 个来自欧洲。相关具体统计情况见表 1.3-7[30]。

港口编制年度排放清单情况统计一览　　表 1.3-7

港　　口	主要指标	年　　份
洛杉矶港	由码头电动起重机、建筑物使用的电力及天然气、员工车辆等排放的港口温室气体；由海船、港口作业工艺、货物装卸设备、铁路机车、重型卡车排放的污染物 DPM、NO_x、SO_x、CO_2e；集装箱货运量趋势；港口 DPM、NO_x、SO_x、CO_2e 排放趋势	2001
长滩港	由海船、港口作业工艺、货物装卸设备、铁路机车、重型卡车排放的港口相关污染物 PM_{10}、$PM_{2.5}$、DPM、NO_x、SO_x、CO 以及 CO_2e，CO_2、N_2O、CH_4 温室气体	2002
西雅图	海船、港作船、铁路机车、货物装卸设备及重型卡车等所有源排放的污染物：NO_x、VOC、CO、SO_2、PM_{10}、$PM_{2.5}$、DPM、CO_2e	2002
纽约-新泽西港	海船、货物装卸设备、铁路机车、重型卡车及普通车辆等港口设备设施处理每标箱作业单元排放的污染物：NO_x、NO_2、PM	2006

续上表

港　口	主要指标	年　份
奥克兰港	由船舶、港口作业工艺、货物装卸设备、铁路机车及卡车等源排放的污染物:PM、NO_x,SO_2,RO 和 CO	2005
温哥华港	由管理、货物装卸设备、公路、铁路等多源排放的常见空气污染物(CACs):NO_x、SO_x、CO、VOCs、PM_{10}、$PM_{2.5}$、NH_3、温室气体(GHGs)—CO_2、CH_4、N_2O	2005
上海港	由船舶(国际航运公司的船舶、在港口登记并由当地海事当局管理的船舶、沿海航行的船舶、内河船舶)排放的空气污染物(NO_x、SO_2、PM、VOC、CO)	2006
哥德堡港	温室气体排放组成: 直接排放:运营船舶,运营车辆,供暖建筑物(按燃料使用),消防设备 能源间接排放:使用电力,直接供热热源 其他间接排放:商务航班,商务旅行车辆,码头、码头及交通区域的船舶,汽油装载,管道泄漏,停车场	2010
巴塞罗那港	Darsena Sud 和 Vell 港口排放 SO_2、H_2S、NO_2、C_6H_6、PM_{10}空气污染物	2004
汉堡港	直接和间接 CO_2 排放 排放 CO_2 的设备类型:跨运车、海船、集装箱龙门起重机、冷藏集装箱等	2011
休斯敦港	海船、重型柴油车、货物装卸设备、铁路机车、港作船舶的相关排放物(NO_x,VOC,CO,SO_2,PM_{10},$PM_{2.5}$,CO_2)	2007
墨尔本港	商船、货物装卸和租户、铁路、公路活动产生的二氧化碳排放量	2011
赫尔辛基港	二氧化氮浓度的月平均值、二氧化硫浓度的月平均值、港口接收的船舶废水、被泵入港口污水系统的船舶废水	2010

　　此外,ITF 的该份报告中还显示根据对多个港口排放清单的审阅,以及对还未发布排放清单的港口的相关排放研究成果的检索,发现船舶活动造成的排放构成了港口总排放的主体部分,甚至对港口城市总排放的贡献都蔚为可观。表 1.3-8 显示了多个来源研究得出的港区船舶活动排放对港口城市排放的贡献率[30]。

船舶活动对港口城市排放的贡献率一览　　　　　表 1.3-8

港　口	SO_2	PM	NO_x	数 据 来 源
香港	54%	—	33%	Civic Exchange 2009
上海	7%	—	10%	Hong et al. 2013
洛杉矶/长滩	45%	—	9%	Starcrest 2011
鹿特丹	—	10%~15%	13%~25%	Merk 2013
高雄	4%~10%	—	—	Liu et al. 2014
香港	11%	16%	17%	Yau et al. 2012
多伦多	7%	—	3%~17%	Gariazzoet al 2007
伊兹密尔	10%	1%	8%	Saraçoglu et al. 2013
威尼斯	—	1%~8%	—	Contini et al. 2010
布林迪西	—	1%	8%	Di Sabatino et al. 2012
洛杉矶/长滩	—	1%~9%	—	Agrawal et al. 2009
梅里拉(印度)	—	2%~4%	—	Viana et al. 2009
阿尔赫西拉斯	—	3%~7%	—	Pandolfi et al. 2011

由此可见,全球港航业随着多年来全球化及国际贸易的飞速发展,众多港口枢纽巨大的体量和所造成的大气污染已对所依托的城市和社区发展带来负面影响,对周边民众的日常生活和感受造成一定不适,对港区与城市的融合、一体化建设及整体的可持续发展形成阻碍,亟待采取有效措施控制港口大气污染物排放。而此方案和规划制定的基础是首先编制系统的港口排放清单。经过 21 世纪十几年的发展,由北美最早兴起的港口排放清单编制工作已在向全世界不断扩散,但系统制定年度排放清单的港口仍局限在北美和欧洲少数航运兴盛区域。因此,随着世界经济与贸易的继续发展,未来在全球一定会形成重要港口普遍编制年度排放报告的局面。北美和欧洲的先行者,特别是加州港口的相关经验和最佳实践会为世界其他港口城市提供重大的参考和借鉴价值。

1.4　环保船舶指数

1.4.1　背景

近年来,由于温室气体(GHG)排放导致气候变化的议题引起越来越多的关注。有研究显示[31],在过去的 150 年里,温室气体增长几乎全部是由人类活动引起的。而通过港口进行的货物运输也是温室气体排放的贡献者,因此,世界主要港口承诺在继续发挥其交通和经济中心作用的同时减少温室气体排放,这一承诺被称为世界港口可持续计划(WPSP)。

环保船舶指数(ESI)作为 WPSP 的项目之一,旨在找出那些在 IMO 当前排放标准要求下,在减少大气排放方面表现较好的海运船舶。该指数可供参与 ESI 的港口奖励船舶,并将推进清洁船舶发展,也可作为托运人和船东自己的政策推进工具。WPSP 希望 ESI 在改善海运和港口环境方面发挥积极作用[32]。

1.4.2　概述

ESI 是由国际港口协会(International Association for Ports and Harbours,简称 IAPH)制定的海运船舶排放的国际基准。该指数反映了船舶在空气污染(NO_x 和 SO_x)和二氧化碳排放方面的环境表现。因此,ESI 的计算公式由 NO_x,SO_x 和 CO_2 几部分组成,此外还包括安装岸电受电装置(On-shore Power Supply installation,简称 OPS)的附加分值。ESI 的分值在 0~100 分之间,0 分表示船舶仅符合现行环境法规,100 分表示船舶零排放。

ESI 的计算公式如下[33]:

$$ESI \text{ 得分} = ESI\ NO_x + ESI\ SO_x + ESI\ CO_2 + OPS(\text{最高 100 分}) \quad (1.4\text{-}1)$$

其中:$ESI\ NO_x = x$　$2 \times NO_x$ 子项分值/3　(其中:NO_x 子项分值取值 0~100);

　　　$ESI\ SO_x = y$　SO_x 子项分值/3　(其中:SO_x 子项分值取值 0~100);

　　　$ESI\ CO_2 = 5$　(每半年)报告燃油消耗和航行距离得 5 分,报告期相较于基准期效率增加的百分比(%)作为相应的加分值,总分上限为 15 分;

　　　$OPS = 10$　如果安装了岸电受电装置得 10 分。

(1)NO_x 子项分值

NO_x 子项分值是根据每台发动机额定功率的 NO_x 排放水平计算的,可利用船上发动机的 EIAPP 证书上的数据进行计算。公式如下

$$NO_x \text{ 子项分值} = \frac{100}{\sum_{\text{所有发动机}} \text{额定功率}} \times \left[\sum_{\text{所有发动机}} \frac{(NO_x \text{ 限值} - NO_x \text{ 等级值}) \times \text{额定功率}}{NO_x \text{ 限值}} \right]$$

$$(1.4\text{-}2)$$

举例:某船舶有 1 个主机,3 个辅机,具体参数如下:

	主　机	辅　机	
NOₓ限制	17	11.5	g/kWh
NOₓ等级值	15	11	g/kWh
额定功率	9480	970	kW
发动机个数	1	3	

根据式（1.4-2），NO_x 子项分值 = [（17-15）×9480/17+（11.5-11）×970×3/11.5]×1/（9480+970×3）×100 = 1241×0.008 = 10.0

ESI-NO_x 单项得分为（10×2）/3 = 6.67

（2）SO_x 子项分值

SO_x 子项分值反映了燃料中硫含量相较于 IMO 设定的限值和 ESI 工作组确定的限值降低的情况。为了计算 SO_x 子项分值，定义了以下燃油类别：

HIGH：硫含量大于 0.50%S，小于 3.50%S 的重质燃料油；

MID：硫含量大于 0.10%S，小于等于 0.50%S 的船用柴油/轻油；

LOW：硫含量小于等于 0.10%S 的船用柴油/轻油。

SO_x 子项分值计算公式如下：

$$SO_x 子项分值 = x \times 30 + y \times 35 + z \times 35 \tag{1.4-3}$$

其中：x——HIGH 类燃油的平均硫含量的相对减少量；

　　　y——MID 类燃油的平均硫含量的相对减少量；

　　　z——LOW 类燃油的平均硫含量的相对减少量。

举例：

	HIGH	MID	LOW	
基准值	3.50	0.50	0.10	% S（m/m）
实际值	2.00	0.40	0.05	% S（m/m）

根据式（1.4-3），SO_x 子项分值 = （3.50-2.00）/（3.5-0.5）×30+（0.50-0.40）/（0.5-0.1）×35+（0.10-0.05）/（0.1-0.0）×35 = 15.0+8.75+17.5 = 41.25

ESI-SO_x 单项得分为 41.25/3 = 13.75

（3）ESI CO_2

ESI CO_2 是衡量船舶效率的指标，是根据报告的燃油消耗总量和航行距离在一个三年的基准期之间的比较计算出来的，此外还要计算该基准期之后一年的效率。

所提供的燃油消耗量和航行距离的数据应符合"船舶能效运行指标自愿使用指南"（MEPC.1/Circ.684）的定义。

（4）OPS

如果船舶安装了岸电受电装置（OPS），则可以有 10 分的附加分。

1.4.3　实施

ESI 完全是自愿参与的。如果港口希望减少船舶在港口的温室气体排放，愿意给予具有良好环境表现的船舶一定的经济奖励，那么 ESI 无疑是一个很好的实现工具。

荷兰的阿姆斯特丹港和鹿特丹港是率先实施 ESI 奖励措施的六家港口（阿姆斯特丹港、鹿特丹港、安特卫普港、不来梅港、汉堡港、勒阿弗尔港）中的两家，下面介绍这两家港口在制定 ESI 最低分数及税费折扣率方面的具体做法，想要加入 ESI 奖励措施的港口可以此作为参考，结合自身的实际情况制定具体措施。

（1）阿姆斯特丹港

阿姆斯特丹港对于 ESI 得分 20 分及以上的船舶实施港口税（port dues）打折的奖励措施，得分 31 分及以上还会有额外的奖励[34]。奖励金额具体的计算方法是：

ESI 得分大于 20 分：（分数/100）×不同总吨（gross tonnage）级别对应的奖励值（取值见表 1.4-1）；

ESI 得分大于 31 分：（分数/100）×不同总吨级别对应的奖励值+1/2×不同总吨级别对应的奖励值（取值见表 1.4-1）。

不同总吨级别对应的奖励金额　　　　　　　　　表 1.4-1

总吨（gross tonnage）级别	奖励金额（欧元）	总吨（gross tonnage）级别	奖励金额（欧元）
0~3000	€200	30001~50000	€1200
3001~10000	€500	50001 及以上	€1400
10001~30000	€900		

（2）鹿特丹港

ESI 得分在 31.0 分及以上的海运船舶，在鹿特丹港可获得已支付的与总吨大小有关的港口税（port dues）10%的折扣。此折扣仅适用于该船舶在一个季度内的前 20 次挂靠，并每个季度补发一次[35]。

ESI 总分在 31.0 分及以上，且 ESI-NO$_x$ 单项得分也在 31.0 分及以上，则港口税折扣可加倍。

如果 ESI 分数由 IAPH 调整到 31.0 分以下或船舶获得了非活动状态,那么 ESI 折扣费必须应要求于四周内重新补交。

1.4.4 前景

目前,全球实施 ESI 奖励措施的港口及机构共计 53 个[36],具体的名单如表 1.4-2所示。

随着运输方式更趋于清洁化发展的大趋势,相信未来加入 ESI 奖励措施的港口会越来越多。

实施 ESI 奖励措施的港口及机构名单 表 1.4-2

大洲	国家	港　口	奖励措施举例
欧洲	荷兰	阿姆斯特丹港、鹿特丹港、ESI WPSP、格罗宁根海港、Green Award Foundation、Tata Steel IJmuiden Terminals、泽兰海港	格罗宁根海港[37]:ESI 得分 20 分以上可获得最高 5%的港口税(harbour dues)折扣
	挪威	奥斯陆港、克里斯蒂安桑港、Norwegian Coastal Administration(Kystverket)、斯塔万格港、奥勒松港、卑尔根港、Port of Flåm and Gudvangen、Port of Florø(Alden)、Port Authority of Fredrikstad and Sarpsborg、Karmsund Port Authority、Port of Drammen、特隆赫姆港	奥斯陆港[38]:ESI 总分在 25 分至 50 分之间,可获得 20%的一般费用(normal rates)折扣;总分等于或超过 50 分,可获得 50%的折扣
	德国	汉堡港、不来梅港、SEEHAFEN KIEL GmbH & Co. KG、Brunsbüttel Ports GmbH、罗斯托克港、Niedersachsen Ports、DNVGL ECO Insight	汉堡港:港口费环保部分(port fee environmental component)的折扣[39] (1)ESI 分数在 20 至 25 分之间,则 0.5%折,最高€250; (2)ESI 分数 25 至 35 分之间,则 1%折,最高€500; (3)ESI 分数 35 至 50 分之间,则 5%折,最高€1000; (4)ESI 分数大于等于 50 分,则 10%折,最高€1500

续上表

大洲	国家	港口	奖励措施举例
欧洲	比利时	安特卫普港、泽布吕赫港、Ghent Port Company, limited liability company under public law	安特卫普港[40]： （1）ESI 分数在 31 至 50 分之间，可享 5% 的港口税（port dues）折扣； （2）ESI 分数在 50 至 70 分之间，可享 10%的港口税折扣； （3）ESI 分数大于等于 70 分，可享 15%的港口税折扣
	意大利	Autorità Portuale di Civitavecchia	
	法国	勒阿弗尔港、巴黎港、PORT OF ROUEN-HAROPA、Atlantic Port La Rochelle、Grand Port Maritime de Marseille、Grand Port Maritime De La Réunion	Atlantic Port La Rochelle：ESI 得分 30 分及以上可获得船舶费（fee on the vessel）折扣，具体为[41] ESI 得分(S)　　折扣率　　最高额 $30 \leqslant S < 36$　　10%　　1000 € $36 \leqslant S < 46$　　13%　　1200 € $S \geqslant 46$　　15%　　1500 €
	葡萄牙	APSS-Port Authority of Setúbal and Sesimbra	
	英国	伦敦港务局	ESI 得分在 30 分及以上的船舶有资格获得泰晤士河船舶保护费（Thames Vessel Conservancy Charges）5%的折扣[42]
	芬兰	Port of Helsinki Ltd	赫尔辛基港[43]： （1）ESI 得分≥80 分，可获得 3% 的船舶费（vessel charges）折扣； （2）ESI 得分≥65 分，可获得 2%的船舶费折扣，需要注意的是，计算 ESI 分数时的 OPS 加分，只有在赫尔辛基港经常使用岸电才能加 10 分

续上表

大洲	国家	港　口	奖励措施举例
亚洲	以色列	阿什杜德港	奖励仅适用于 ESI 得分 31 分及以上的集装箱船和滚装船,奖励额度计算方法如下[44]: 奖励金额[ILS] = ESI/100×不同船长对应的最大额度 　　船长　　　　每次挂靠对应的最大额度 100~150m　　　　1000ILS 151~200m　　　　2000ILS 201~250m　　　　3000ILS 251~300m　　　　4000ILS 301m 以上　　　　5000ILS
	阿曼	索哈尔港	ESI 得分 20 分及以上,将获得 5% 的港口税(port dues)折扣,但最高不超过前一财政年度内支付的港口总费用的 1%[45]
	韩国	釜山港务局、蔚山港务局	釜山港[46]:ESI 得分 31 分以上可减少 15% 的进港和离港费(port entry and departure fees)
	日本	东京港、横滨港	东京港[47]: (1) ESI 得分 20.0~29.9,进港费(port entry fees)减少 30%; (2) ESI 得分 30.0~39.9,进港费减少 40%; (3) ESI 得分 40.0 以上,进港费减少 50%
北美洲	美国	洛杉矶港、纽约和新泽西港务局	洛杉矶港[48]:ESI 得分 50 分及以上,每艘海船每次挂靠可获得 2500 美元的奖励;ESI 得分在 40 分至 49 分之间,每艘海船每次挂靠可获得 750 美元的奖励
	加拿大	鲁伯特王子港务局、温哥华港	温哥华港[49]:ESI 得分对应不同的金银铜牌,不同的奖牌有相应的港口税(harbour dues)折扣,具体为: (1) 金牌,ESI 得分≥50,47% 的折扣; (2) 银牌,ESI 得分 31<50,35% 的折扣; (3) 铜牌,ESI 得分 20<31,23% 的折扣

大洲	国家	港　　口	奖励措施举例
北美洲	巴拿马	巴拿马运河管理局	符合条件的客户有机会改善在巴拿马运河客户排名系统中的地位,该排名系统在预定通过巴拿马运河时会被考虑在内,具体做法如下[50]: ESI 得分 35 分以上的船舶通过运河的每次运输将获得额外的 10 个百分点;得分 80 分以上的船舶通过运河的每次运输将获得额外的 20 个百分点,以提高其排名
南美洲	阿根廷	布宜诺斯艾利斯港	ESI 得分 ≥30 的船舶,享有 5% 的折扣; ESI 得分 ≥ 50 的船舶,享有 10% 的折扣[51]
大洋洲	新西兰	Port Nelson Limited	
	澳大利亚	NSW Ports	具体内容还在制定中,预计 2019 年 1 月 1 日实施[52]

1.5　可持续发展报告

1.5.1　背景

20 世纪以来,全球工业发展迅速,严重破坏了环境资源,自然资源的枯竭和日益严重的环境污染使人类付出了沉重的代价,引起了社会的高度重视[53];与此同时,社会公众对生态平衡、产品安全、劳工保护、尊重人权等问题关注的呼声也愈来愈强烈[54]。自 20 世纪 60 年代,对于全球经济活动主体的企业界,人们开始思考并引入企业社会责任的概念,经过几十年的发展至 20 世纪 80 年代末 90 年代初已慢慢发展成熟[55]。1991 年著名学者 Carroll 在论文中对此概念做出的解读则慢慢被大众接受且普遍使用:企业社会责任被定义为企业一系列责任构建起的金字塔,包括企业在经济、法律、道德伦理及社会慈善等领域对一切利益攸关方所具有的责任[56]。

对于企业而言,回应社会各界关于生态环境、产品安全、劳工人权等各领域的关切,通过自身行动履行社会赋予的经济、法律、道德、慈善等各方面的责任则成为越来越重要的工作内容。这不仅仅关乎完成国际或所在国家/地区的相关法律要求,其至常常要超越相关法律条款而履行额外的义务,因为社会施加的关切甚至是压力已使得履行企业社会责任被赋予了形成企业核心竞争力一部分的重要意义。相关工作不能很好完成,甚至会影响企业形象,降低各利益攸关方对企业的好感度,特别是可能降低对投资者的吸引力[57]。

因此,从强化企业品牌和商业宣传的角度出发,企业必须拿出相应的体现自我透明公开和诚实可靠形象的手段,很多企业选择的就是企业社会责任会计与报告的方式[58]。首先依然是从民众最为关心的环境领域开始的,自20世纪80年代末一些化工企业开始公开发布自己的企业环境报告以挽救自己因为污染问题而严重受损的公众形象,其中第一家如此做的是挪威的 Norsk Hydro 公司 5[57,59]。自此以后,国际上越来越多的大型企业加入其中,形成了环境报告、企业社会责任报告、企业公民报告、三重底线(Triple Bottom Line)报告、可持续发展报告等多种模式[59],而可持续发展报告因其较好的综合性和相关标准完备和通行的体系成为港口行业中的主流选择。

1.5.2　概述

可持续发展报告系企业或机构向社会公众披露其经济、环境、社会及管理行动及成效信息的报告;其不仅仅是对于所收集数据进行归总分析形成的报告,更是一种将可持续发展理念与战略进行强化并融合为企业精神一部分的手段和方法,并可就此向企业/机构内外部的利益攸关方进行完全的阐述和展示[57]。发展至目前,可持续发展报告已由最早主要涉及应对企业社会责任、经济和商业活动的社会和环境问题的解决方案,逐步演变成为一个可创造长期经济价值的途径和与利益攸关方及社会民众沟通可持续发展表现的主要实践方式[60]。在完成可持续发展报告的过程中,企业也可由此对自身活动产生的经济、环境与社会影响从可持续发展的角度进行跟踪与评价,并借此为进一步的改善与发展提供基础信息和分析数据,以更好地在可持续发展方面进行自我约束与管理;而利益攸关方与民众也获得了对企业进行外部监督与激励的平台。

可持续发展报告属于自愿性信息披露的范畴,目前在全球范围内认可度较高的报告编制模式与标准主要有以下四种[54]:

(1)全球报告倡议组织(GRI)推出的《可持续发展报告指南》;

(2)美国社会责任国际(SAI)公布的 SA8000;

(3)英国社会和伦理责任协会(ISEA)制定的 AA1000;

(4)英国标准协会(BSI)联合制定的《可持续管理整合指南》。

这其中,被使用最为普遍的是 GRI 推出的指南。截至 2015 年 12 月底,全球已有超过 6000 家机构以 GRI 的指南为基础编制可持续发展报告或社会责任报告[53];当年超过 90%的全球收入最高的 250 家企业发布了可持续发展报告,其中大部分报告遵循的也是 GRI 的指南[61]。

GRI 由美国环境责任经济联盟(CERES)于 1997 年发起成立,1999 年联合国环境规划署(UNEP)作为合作者加入,2002 年 GRI 正式宣告成为独立的常设性国际非营利组织。GRI 建立和发展的目标是为国际社会提供一套受到普遍认可的报告框架,用来披露一个企业/机构的经济、环境与社会绩效信息。GRI 在 2000 年 6 月发布了第一版《可持续发展报告指南(G1)》,又于 2002 年、2006 和 2013 年分别发布了 G2、G3 和 G4 版本指南,G4 版指南是此前全球企业编制可持续发展报告的主要依据[62]。2016 年 GRI 通过将 G4 版本指南过渡到 GRI 标准的计划并表示以后不再发布新一代指南,以体现 GRI 标准发展过程中"多个利益攸关方"原则的重要性。该标准于 2018 年起正式实施,在涵盖了原指南主要报告原则和披露要求的基础上,以全新的架构和形式展现可持续发展报告要求。该标准体系分为普遍标准系列和特定议题标准系列,其中普遍标准适用于所有企业/机构,而特定议题标准则可以由企业/机构根据自身业务实际选择相对应议题进行披露,该标准主要框架见图 1.5-1,相关标准具体内容见表 1.5-1[63]。

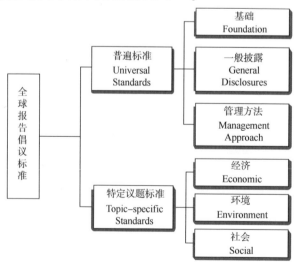

图 1.5-1　GRI 标准的主要框架

GRI 标准具体内容一览   表 1.5-1

分　　类	标准序号	内　　容
普遍标准	GRI101	基础标准:阐明了界定报告内容和质量的原则,以及机构使用 GRI 标准进行可持续报告编制的具体要求。
	GRI102	一般披露标准:要求披露机构的背景信息,包含机构概况、战略、商业伦理与诚信、治理、利益相关方参与以及报告实践六大方面。
	GRI103	管理方法标准:主要介绍关于机构实质性议题管理方法的一般披露项,比如机构对每一项实质性议题以及边界的界定,对实质性议题的管理以及对所运用管理方法的评估等。
特定议题标准	GRI201～GRI206	经济议题标准:机构需要将自身对经济产生影响的实质性议题进行披露,包括经济绩效、市场表现、间接经济影响、采购行为、反贪腐以及反竞争行为。
	GRI301～GRI308	环境议题标准:机构需要将自身对环境产生影响的实质性议题进行披露,包括物料、能源、水、生物多样性、废气排放、污水和废弃物、环境合规以及供应商环境评估。
	GRI401～GRI419	社会议题标准:机构需要将自身对社会产生影响的实质性议题进行披露,包括雇佣、劳资关系、职业健康与安全、培训与教育、多元化与机会平等、非歧视、结社自由与集体谈判、童工、强迫与强制劳动、安保措施、原住民权利、人权评估、当地社区、供应商社会评估、公共政策、顾客健康与安全、行销与标签、顾客隐私以及社会经济合规。

对于港口行业,在使用 GRI 的指南进行可持续发展报告过程中,需要结合行业自身情况对指南中提出的信息指标进行甄选,因此各个港口往往形成的报告不尽相同。目前,全球港口行业中绝大多数编制的港口可持续发展报告都依据 GRI 的指南进行,但尚未有港口、国家/地区或其他机构依据该指南的指标体系提出令国际港口业普遍认可的港口可持续发展报告编制指南和标准。

比利时安特卫普港是较早开展可持续发展报告编制工作的港口之一,自 2012 起每两年发布一期截至上一年的可持续发展报告,至今已发布四期。该报告由安特卫普港务局、左岸开发公司和 Alfaport-Voka 与安特卫普-瓦斯兰联合商会共同发布,充分体现了安特卫普港将尽可能多的利益攸关方纳入进可持续发展进程的精神。其 2018 年发布的最新一期的可持续发展报告,参照 2016 年 GRI 最新推广的相关标准编制,并重点考虑了 2015 年 9 月联合国发布的可持续发展目标(SDG),形成了自己一套独特的港口可持续发展报告体系[64]。其相关指标还支撑了国际港口协会(IAPH)近年开展的《港口可持续发展报告指南》的编制工作,相关最佳实践对全球港口具有较强的借鉴意义。

1.5.3 实施

编制港口可持续发展报告,首先要明确工作的目标与意义。安特卫普港明确其目标是在为佛兰德斯地区和民众创造可持续发展附加值方面保持领袖地位,成为具有强大竞争力、风险抵抗力、丰富多样性并可与民众及环境和谐发展的重要港口经济体,以更好地适应正朝多样化迅速转变的社会、持续扩大货运规模并创造更多高价值的工作岗位。

安特卫普港在可持续发展方面秉持所有利益攸关方融合发展的理念,通过深入分析当前面临的发展形势和未来发展趋势,提出了三大重点发展方向,分别是港口的智慧信息发展、企业协同发展与生态环境发展。

在以上明确发展目标、意义及重点发展方向基础上,结合联合国 SDG,安特卫普港制定和升级了最新的"5P"发展战略和哲学,提出了民众、星球、繁荣、和谐及伙伴等五个领域可持续发展的总要求,并细化成为可持续发展报告需要披露的十项指标领域。这十项指标领域与联合国 SDG 间的关系见表 1.5-2。

安特卫普港务局可持续发展指标与联合国 SDG 关联表 表 1.5-2

序　号	指　　标	与 SDG 关联
1	航运	

续上表

序 号	指 标	与 SDG 关 联
2	腹地交通运输	
3	就业及职业安全	
4	经济活动	
5	自然与环境	
6	能源与气候	

续上表

序 号	指 标	与 SDG 关联
7	研究与创新	
8	社会	
9	循环经济	
10	安全与保安	

对于每一项指标,安特卫普港又参照 GRI 标准与本港实际业务情况,设置了多个子指标,并对子指标领域可持续发展相关情况进行了披露。其具体情况如下。

(1)航运

在预计航运规模增加及船舶大型化发展趋势下,安特卫普港预测其港口建设水平会继续加强,由此在航运指标下安特卫普港设置了国际海事法规遵约情况、减排技术、清洁能源获得情况、船舶环境指数及船舶废物等五个子指标。

● 国际海事法规遵约情况:披露了 2014—2016 年靠泊安特卫普港船舶遵守《1982 巴黎备忘录》的统计情况和变化趋势;

● 减排技术:披露了 2014—2016 年靠泊安特卫普港船舶配备废气洗涤和选择性催化还原设备的统计情况和变化趋势;

● 清洁能源获得情况:披露了安特卫普港船用液化天然气和甲醇燃料加注设施的建设、发展及运行情况;

● 船舶环境指数:披露了安特卫普港实施船舶环境指数计划的相关政策和

2012—2016 年的奖励船舶统计数据;

- 船舶废物:披露了安特卫普港接收船舶废物的相关模式和政策以及 2010—2016 年接收船舶废物量的统计数据,分船舶废物种类分析了历年接受量的变化情况及背后原因。

（2）腹地交通运输

通过历年货物集疏运方式数据统计,安特卫普港制定了腹地运输方式占比公路 40%,驳船 40%,铁路 20% 的发展目标,并将继续强化管道运输;同时针对港口人员的来往交通,提出了提升使用公共交通和自行车水平、增加私家车分享效率、强化交通安全及港口周边路网建设的发展计划。由此,在腹地交通运输指标下安特卫普港设置了人员通勤交通、公路运输、铁路运输、驳船运输及管道运输等五个子指标。

- 人员通勤交通:披露了安特卫普港务局及涉及机构所采取的一系列行动的情况,包括保障通勤道路基础设施、推动工作人员通勤使用公共交通及自行车、推广私家车拼车,还披露了 2014 年以来港口工作人员通勤交通事故统计变化情况;

- 公路运输:披露了安特卫普港为缓解周边道路拥堵所采取的行动,港区道路建设进展以及港口集疏运卡车的环保标准提升情况;

- 铁路运输:分析了安特卫普港利用铁路进行集疏运比率较低的原因并披露了提升铁路运输的计划和对策;

- 驳船运输:披露了 2016 年安特卫普港驳船运输相关统计数据,并介绍了使用集装箱驳船效率指数(CEI)的相关情况;

- 管道运输:披露了安特卫普港当前管道运输情况,呼吁政府当局强化管道运输这种可持续的运输模式,分析了当前管道运输建设存在的问题,提出了潜在的投资项目。

（3）就业及职业安全

在此指标下安特卫普港设置了就业总体情况、就业人员通勤问题、工作安全事故与疾病、职业教育和培训及员工及岗位构成情况等五个子指标。

- 就业总体情况:披露了 2010—2015 年安特卫普港直接及间接产生的就业岗位情况,并分析了港口就业人口变动情况;

- 就业人员通勤问题:披露了港口就业人员的巨大规模所造成的越来越严重的交通拥堵给予港口就业吸引力的负面反馈,并再次详细介绍了港口为解决工作

人员通勤造成的交通拥堵所采取的各项行动;

• 工作安全事故与疾病:披露了安特卫普港 2011—2016 年发生工作安全事故的统计数据及为保护职工安全所采取的相关行动,还披露了 2008—2016 年港口工作人员因病请假天数的统计数据;

• 职业教育和培训:披露了近年安特卫普港雇佣员工学历的变化情况及 2010—2015 年港口员工所受职业培训时长的统计情况;

• 员工及岗位构成情况:披露了港口所提供岗位的长期/短期、全职/兼职等属性统计情况并就此分析了就业人员流动与职业发展情况,还披露了员工男女比例变动情况以显示员工构成的多样性。

(4)经济活动

在此指标下安特卫普港设置了货物装卸、投资、劳动生产率、产业附加值、利润率及物流活动等六个子指标。

• 货物装卸:披露了安特卫普港自 20 世纪 80 年代发展至 2016 年的各项货物吞吐量统计数据和最新发展情况,包括集装箱货物、散货、干散货、液体散货的吞吐量指标;

• 投资:披露了导致安特卫普港 2014—2015 年投资额大涨的两个重要项目的相关信息;

• 劳动生产率:披露了 2010—2015 年安特卫普港不同工种的劳动生产率统计数据和变动情况;

• 产业附加值:强调了安特卫普港对于比利时经济的贡献率,披露了 2010—2015 年安特卫普港产业附加值变动及不同产业贡献分布的相关情况;

• 利润率:披露了 2014—2015 年安特卫普港不同产业的利润率变动情况;

• 物流活动:披露了安特卫普港 2001—2016 年货物存储及周转设施的统计情况及良好发展趋势。

(5)自然与环境

在此指标下安特卫普港设置了干净指数、码头垃圾、驳船废物、土壤质量、综合水体管理、空气、噪声等级图及自然保护等八个子指标。

• 清洁指数:披露了安特卫普港自 2015 年以来使用所在地区推广的清洁指数的统计数据和相关情况;

• 码头垃圾:披露了安特卫普港 2012—2016 年使用驳船清理码头垃圾量的统

计数据和变化趋势;

● 驳船废物:披露了安特卫普港为接收驳船废物所采取的相关行动及2012—2016年的接受量统计数据,此外还披露了安特卫普港为监视驳船废气排放所采取的技术手段;

● 土壤质量:披露了安特卫普港遵循地区相关法规开展土壤环境质量调查的情况和进展;

● 综合水体管理:披露了安特卫普港近年来水域环境质量、港口水污染物排放量、港区和驳船用水量的统计数据和变化趋势;

● 空气:披露了安特卫普港21世纪以来SO_2排放量及大气SO_2浓度双下降的相关数据及信息,披露了2005年以来港区二氧化氮(NO_2)排放量及大气环境NO_2浓度大体下降的相关数据及信息,并对局部地区零星时段NO_2排放量及空气环境浓度上升的问题进行了原因分析,披露了2006年以来港区PM_{10}排放量及大气环境PM_{10}浓度大体下降的相关数据及信息;

● 噪声等级图:披露了安特卫普港自2013年起开始开发的噪声等级图和动态噪声模型的相关信息和最新进展;

● 自然保护:披露了安特卫普港进行自然保护的方案和行动,并为显示其效果披露了港区生物多样性、设置保护区面积、生态基础设施建设面积的历年增加情况。

(6)能源与气候

在此指标下安特卫普港设置了能源消耗、可持续的能源及温室气体排放等三个子指标。

● 能源消耗:披露了安特卫普港2000—2016年各行业能源消耗量的统计数据和变化趋势;

● 可持续的能源:披露了安特卫普港1997—2016年各种可持续能源供应能力的统计数据和变化趋势;

● 温室气体排放:披露了安特卫普港2000—2014年各行业温室气体排放量的统计数据和变化趋势。

(7)科研与创新

在预判科技发展对港口发展重大改变的基础上,介绍了安特卫普港2015年以来开展的一些重大科研创新活动与项目,并在此指标下设置了研发投资及研发活跃的公司数量等两个子指标。

- 研发投资:披露了2000—2015年安特卫普港研发投资金额的统计数据和近期的爆炸性上涨趋势,列出了近期重大的研发投资项目;

- 研发活跃的公司数量:披露了2008—2015年安特卫普港不同行业积极进行研发活动的公司数量统计数据和变化情况。

(8)社会

在此指标下安特卫普港设置了社会公众感知一个子指标。

- 社会公众感知:介绍了安特卫普港使用年度公众调查的方式进行港口可持续发展表现的评估,披露了2016年度的调查结果,并通过与2014和2015年的结果比对进行了相应分析,还介绍了未来调查规模扩大的方案计划。

(9)循环经济

在此指标下安特卫普港未设置子指标。

- 披露了2010—2015年安特卫普港循环经济领域产生的就业岗位数量统计数据和增长情况,以及港口对循环经济投资额和产生附加值的统计数据和变化情况,还介绍了港内参与循环经济的公司及开展的重要项目情况。

(10)安全与保安

介绍了安特卫普港安全管理网络的建设和发展情况,并设置了国际船舶和港口设施保安与海事安全、灾难与事故管理等两个子指标。

- 国际船舶和港口设施保安与海事安全:披露了国际船舶和港口设施保安计划的认证、执行和演习进展,披露了2008—2014年安特卫普港授权经营体数量的增长情况,披露了港口对船上非法闯入者的防范措施及2006—2016年船上非法闯入人员的统计数据和变化情况;

- 灾难与事故管理:披露了安特卫普港应急管理服务自2012年来的发展情况以及2015、2016年对加注作业的检查统计数据,披露了2007—2016年港口溢油事故发生量的统计数据和变化情况,介绍了2015年最新启动的溢油处置的流程和方式。

1.5.4 前景

对于港口可持续发展报告的推广,由于海港的对外开放性质,大多数世界重要航运枢纽出于应对国际竞争压力的考量,均已开展可持续发展报告的编制工作。

未来有两个发展趋势应获得全行业的大力推动。一是应鼓励各国各地区内河港口积极参与到该项工作中来,因为相对于海港,内河港口对于周边社区与民众生活所造成的生态环境及社会影响程度更高,居民感知更强烈,内河港口应更好地承担起自己的企业社会责任。二是应推广安特卫普港所秉持的这种积极纳入各利益攸关方的做法,因为港口并不是独立单元,其经济活动的外沿远远超越其地理范围,在目前全球化深入发展的形势下甚至可能远达世界的任意角落。

对于港口可持续发展报告的编制模式与标准,目前绝大多数开展此项工作的港口均在使用 GRI 的 G4 版本指南或转向 2018 年起生效的 GRI 标准。但是由于各港口使用 GRI 相关标准时对其的不同解读,因此最终形成的报告模式和选择披露的信息领域不尽相同。当然,全球各地区经济社会发展情况不同,客观环境与人文条件也不同,造成报告具有多样性是可以理解的。但是对于港口行业,其内在的经济运行规律和从港口组织模式出发形成的管理模式是大体近似的。因此针对港口行业形成一个统一的或是公认的可持续发展报告编制模式与标准体系也是必要的,利于各港口使用该体系编制报告并评估自己在全球行业中的可持续发展与竞争力水平,利于不同地区港口相互交流和学习可持续发展的优良经验和最佳实践。目前 IAPH 正牵头开展该项工作,其进展值得港口界关注。

1.6　绿色港口认证

1.6.1　背景

港口作为物流链的海陆货物交接点,港口机械操作和运输车辆运行、船舶航行与装卸、集疏运车辆运行与作业高度集中,由此导致的各种污染物排放也高度集中,港口及其周边地区往往是环境污染严重的区域,港口城市的环境质量也因此受到不同程度的影响。为改善港区以及港口城市的环境,建设绿色港口成为港口管理当局追求的目标,港口企业也面临着绿色发展的压力和责任。

绿色发展是人类对自身以牺牲资源环境为代价的发展模式深刻反思的结果,是一种发展理念、发展模式和发展路径的概括。目前,全球并没有统一的绿色港口的定义,绿色港口就是可持续发展的港口,PIANC 描述"可持续发展港口"为"港务局与港口用户,在采取经济绿色增长战略并尊重自然的基础上,和港口利益相关方密切合作,采取积极和负责任的态度开发和运作港口,从其所在区域的长期发展目标及其在物流链上的特殊地位出发,保证港口发展满足预期的未来几代人的利益需求以及所服务区域的繁荣",因此,不同区域对于绿色港口有不同的要求。

在上述背景下,港口企业面临履行企业的可持续发展责任,建设绿色港口的压力,一些港口企业应用了一项或几项有利于环境和生态保护或者节能减排的技术或者采取了一项或几项有利于环境和生态保护或者节能减排的管理措施,就向社会宣称其是"绿色港口",这样的"绿色港口"技术和管理措施应用不全面、不系统,效果也有限,默认其"绿色港口"难以得到公众认可,也难以发挥表率作用,不利于推动港口绿色发展。港口企业从事环境和生态保护、节能减排、可持续发展的人员,在开展绿色发展规划或者提出行动计划的过程中,不断面临计划内容设计的困难,制定的规划和行动计划也往往因为没有依据而难以得到港口经营人的有效支持。

制定绿色港口认证标准,开展绿色港口认证是改变这种状况,推动绿色港口发展的重要和有效的手段之一。

1.6.2　概述

绿色港口认证就是在确定认证原则的基础上,制定绿色港口认证标准、设立认证机构和建立认证程序,在认证机构的组织下,依据绿色港口认证标准,按照认证程序要求,开展绿色港口认证的过程。

根据区域港口发展现状和目标,基于港口绿色发展现状,结合绿色发展技术应用和管理需求,统筹考虑港口利益相关方的能力和作用,建立绿色港口认证机制是统一绿色港口认识、规范绿色港口评价、推动绿色港口发展的必要手段。

基于绿色港口认证的结果,港口管理当局和港口企业能够据此判断港口绿色发展的水平,确认绿色发展的差距,明确绿色发展的目标;从事环境保护、节能减排、可持续发展的人员能够据此明确工作目标并制定行动计划,争取企业的人力、财力和物力支持,推动企业履行绿色发展社会责任水平的不断提升。

1.6.3　实施

北美开展的 Green Marine 认证将港口企业作为认证对象之一[65]。

2007 年始,北美大湖区及圣劳伦斯航道相关的航公司、港口和码头经营人为促进大湖区及圣劳伦斯航道绿色运输,在相关政府部门、城市、环保组织和非政府组织的支持下,成立了 Green Marine 协会,该协会发起的绿色航运计划旨在推动北美航运业的环境保护工作。目标是通过持续不断的工作,增强环境绩效;在航运相关方之间建立紧密的联系;强化企业活动与环境效益关系的认识。绿色港航协会最初确定的认证对象为在大湖区及圣劳伦斯航道经营的国内和国际船公司、航运公司、船舶代理、港口、码头经营人和其他相关服务提供商,目前,对象范围已经扩大到美国和加拿大全境。截止于 2018 年 4 月在美国和加拿大共有 117 个会员单位,包括 31 个船东、41 个港口和 45 个码头[67]。

1.6.3.1 认证机构

为管理加入绿色航运计划的企业,建立了绿色航运管理委员会、理事会、管理团队和咨询委员会。绿色航运管理委员会是一个非营利性组织,由加入绿色航运计划的企业和航运业协会的领导组成;理事会由美国和加拿大公司的总裁或首席执行官构成,人员构成既考虑了绿色航运的特性,也兼顾了航运业领域的多样性,理事会代表所有加入绿色航运计划成员的利益,确定绿色航运管理委员会发展目标和战略方向并监督绿色航运管理委员会的工作;管理团队由专职人员组成,负责招募加入绿色航运计划的新成员、支持成员实施环保计划、委员会的协调、通讯和财务管理工作;绿色航运咨询委员会负责汇集航运业和来自于政府、研究机构和环保组织等外部利益相关方的有关绿色航运发展的意见和建议,并在其组成结构上,确保来自不同地域的意见和优先事项都能在绿色航运环保计划中有所反映,为此,所有加入绿色航运计划的成员都被邀请参加绿色航运咨询委员会的工作。

1.6.3.2 认证原则

北美绿色航运认证的指导原则如下:

(1)按照可持续发展方式,在探求最佳环保实践方面展示企业领导力;

(2)着眼于将环境影响最小化,以负责任的方式开展商业活动;

(3)以环境绩效的持续提高为目标;

(4)开发和完善自愿环境保护措施;

(5)整合在技术和经济上可行的可持续发展实践。

在逐步实施绿色港航环保项目所派生的行动计划方面,与政府和民间团体进行合作。

1.6.3.3 认证标准

北美绿色航运认证 2018 年绿色航运性能指标如表 1.6-1 所示,对于港口或码头设有 7 个性能评价指标,其中第 7 个评价指标"水下噪声"是近年新加入的,评价结果分成如表 1.6-2 所示 5 级,每一级又包括若干个建议措施项,参加认证企业满足的级数越高,说明参加认证企业的绿色发展水平也越高,表 1.6-3 所示为以"水下噪声"评价指标为例的分级说明[68]。

2018 年绿色航运性能指标　　　　　　　　　　　　　表 1.6-1

性 能 指 标	性能指标序号	
	船　　　东	港口、船厂、码头、航道
入侵物种	1	—
大气排放(硫氧化物和颗粒物)	2	—
大气排放(氮氧化物)	3	—
温室气体和空气污染物	4	1
油污水	5	/
垃圾或废弃物管理	6	2
溢油与气体泄漏防治	/	3
干散货处理和储存	/	4
社区影响	/	5
环境领导力	/	6
水下噪声	7	7

绿色航运计划水平分级标准　　　　　　　　　　　　表 1.6-2

水平分级	标　　　准
1	符合可适用的规则且满足绿色航运指导原则要求
2	系统采用一定数量的最佳实践
3	将一些最佳实践集成到一个已经应用的管理计划中并可以量化环境影响
4	应用新的技术
5	卓越和领先

以"水下噪声"评价指标为例的分级说明　　　　　　表 1.6-3

分级	标　　　准
1	参评单位保证遵守各项政策规则要求
2	采用下列 4 个最佳实践中的 3 个
	通过发布受水下噪声影响的海洋哺乳动物和敏感区域的相关信息,提高承租企业以及有船舶挂靠港口船公司的水下噪声问题的认知。
	促进通过记录表或者公认应用程序向港口用户、引航员协会以及有船舶挂靠港口船公司,提供具有公共数据库特点的海洋哺乳动物观察数据。

续上表

分级	标　　准
2	概述目标生物种类的现有知识,识别敏感栖息地,了解相关活动的影响区域,以便通知船舶实施相应的交通管理措施,这些措施可能包括船舶航线调整和航速控制。
	在港口相关的水上建设活动期间或者在已知的可能加大提高水下噪声的岸上建设工作开展期间。要求雇佣经过训练的有经验的海洋生物观察人员提供服务。注意本项只适用于正在进行建设工作的港口或者港口租户,要求提供海洋生物观察人员观察服务的决定应基于季节性、濒危物种的存在以及敏感区域等综合考虑。
3	参评单位满足下列所有标准
	执行第2级所列的所有适用标准。
	开发和实施水下噪声减缓和管理计划(UNMMP),该计划包括采取一定范围噪声减少或缓解措施以及实施减少包括建设和航运等活动产生的激烈和长期的最佳实践或者操作程序。
	作为水下噪声减缓和管理计划(UNMMP)的一部分,建立水下噪声监测系统,分析和存档有利于来了解局部水下噪声条件的数据。注意这种程序需要与生物声学家或者专门公司合作开发,需要说明目的、方法、监测地点和频率。如果港口正在着手建设或者操作方式改变,需要进行使用同样方式的额外的噪声测量以便确定周围噪声的变化趋势。
	或者
	给船东提供一个确认船舶噪声减少的识别程序。
4	参评单位满足下列所有标准
	执行第3级所列的所有适用标准。
	在水下噪声减缓和管理计划(UNMMP)中设定在港口水域尽可能减少水下噪声的目标,这些目标应该借助噪声监测系统获得的信息而设定。注意为减少港口产生的水下噪声并设定符合实际的减噪目标,需要提出衡量取得进步的方法。
	开发一个激励计划,奖励实施船舶噪声减缓措施的船东。注意例如这一计划可以对有公认船级社认可的具有水下噪声辐射装置标志的船舶,提供折扣或者减少泊位费用。
	或者
	建立现场升学检测系统手机具体船舶的相关声音水平数据,并应和船东分享这个数据。注意为搜集有价值的数据,需要签署一个特殊协议,以便这一标准和水下噪声指标要求相关联。
	或者
	支持或者协助包括水下辐射噪声测量在内的科学研究。
5	参评单位满足下列所有标准
	执行第4级所列的5个实用标准中的4项。
	实现水下噪声减少目标。
	应用噪声减少技术和措施,论证能够持续不断提升水下噪声减缓和管理计划(UNMMP)实施效果。

1.6.3.4 认证程序

船东、港口、码头、装卸公司和航道管理公司等自愿提出加入绿色航运计划的申请,申请加入绿色航运计划需要经过绿色航运认证,认证程序包括自我评价、外部确认、结果公布和证书发放4个环节。

(1)自我评价

绿色航运计划要求参与者应用产生直接环境效益的实践和技术,使得相关绿色航运性能指标有所进步。申请加入绿色航运计划的单位,在绿色航运网站上卸载相当于评价标准的当年的绿色航运性能指标说明,开展自我评价。自我评价时间为每年的第一季度。

(2)外部确认

绿色航运计划参与者每2年将受到一次审核,审核期间独立的第三方将到参与者的经营场所实地检查设备设施和生产过程,确认其用于评价认定绿色航运计划水平分级结果信息的准确性。

(3)结果公布

加入绿色航运计划各个参与者的评价结果以及总体评价结果将在年报中公布,各个参与者的评价结果还会在绿色航运网站的交互式地图上公布。

(4)证书发放

根据绿色航运认证规则,绿色航运管理委员会理事会经过严格和透明的程序审批绿色航运认证结果,给参与者发放证书,证明参与者参加了绿色航运计划并确认了其环保性能。

1.6.4 前景

如图1.6-1所示为加入绿色航运认证的单位数量和平均达到的水平历史变化情况,加入绿色航运认证的单位数量逐年增加,平均达到的水平也不断提升,这说明港口对绿色航运认证的认可程度在不断提升,绿色航运认证也提升了港口的绿色发展水平,推动了北美地区绿色港口的发展。

发达国家除了北美的绿色航运认证针对港口进行绿色发展程度的认证外,欧洲海港协会(ESPO)建立了港口自我诊断方法(SDM)和港口环境评审系统(PERS),用于评价港口在生态港建设方面的成绩,评价指标包括空气质量管理、能源节约和气候变化、噪声管理、废物管理、水管理等5个方面。申请参评港口首先要取得自我诊断评价的认证,如果通过认证,则可获得生态港 EcoPort 的资质,在此基础上再申请进行港口环境评审系统的认证。

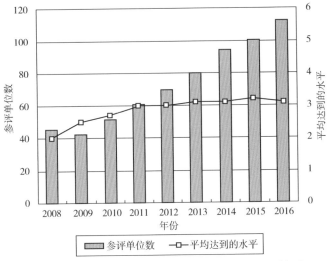

图 1.6-1　绿色航运认证参加港口码头数量以及平均达到水平

除了发达国家外,中国交通运输部制定发布了《绿色港口等级评价标准》(JTS/T105-4-2013),于 2013 年 6 月 1 日施行。绿色港口评价指标体系设置"理念"、"行动"、"管理"和"效果"4 类评价项目;每类评价项目下设有 2 项或 3 项评价内容,总计 10 项评价内容;每项评价内容下设有 2 个或 3 个评价指标,共计 23 个评价指标,如表 1.6-4 所示。绿色港口评价等级划分除了主要依据评价对象基于绿色港口等级评价指标体系所得综合分数外,还针对各绿色港口等级设置了其他必要条件,将一些企业缺少自觉性和积极性采取的措施设为必要条件,以便有效体现政府在推动绿色港口建设中的主导作用,如将应用靠港船舶使用岸电技术设为 5 星级绿色港口的必要条件,强化政府推动靠港船舶使用岸电的意志。

绿色港口评价项目、内容与指标　　　　　　　　　　　表 1.6-4

项　　目	权　重	内　　容	指　　标
理念	0.10	战略	战略规划
			专项资金
			工作计划
		文化	企业文化
			教育培训
			宣传活动

续上表

项　目	权　重	内　容	指　标
行动	0.40	环保	污染控制
			综合利用
			生态保护
		节能	主要设备
			作业工艺
			辅助设施
		低碳	燃料替代
			可再生能源
管理	0.15	体系	管理机构
			审计认证
		制度	目标考核
			统计监测
			激励约束
效果	0.35	成效	环保生态
			节约低碳
		水平	环保生态
			节约低碳

《绿色港口等级评价标准》适应了国家建设"资源节约型、环境友好型"社会的需要,成为行业管理部门引导港口绿色发展和转型升级的指南,为港口经营人指明了建设绿色港口的途径,受到地方政府、行业管理部门和港口的高度关注。2016年对自愿申请参与绿色港口等级评价的 10 个码头开展评价,认定下列 8 个码头达到"四星级"绿色港口标准:

(1)大连港矿石码头;

(2)秦皇岛港股份有限公司第七港务分公司煤四期及扩容码头;

(3)秦皇岛港股份有限公司第六港务分公司煤三期码头;

(4)日照港股份有限公司第一港务分公司煤炭码头;

(5)天津港太平洋国际集装箱码头;

(6)南京港龙潭集装箱码头(一期);

(7)宁波港股份有限公司北仑第二集装箱码头;

(8)蛇口集装箱码头。

中外实践都证明,区域性绿色港口认证或者评价体系的建立,有利于推动绿色港口建设,是一种有效的推进港口绿色发展水平提升的手段。

2　清洁能源替代

2.1　集装箱门式起重机"油改电"

2.1.1　背景

港口是港内作业机械和运输设备、集疏运车辆以及货运船舶活动密集,大量消耗燃油、集中产生大气污染物排放的区域,设法将常规使用燃油作为动力的设备、车辆和船舶改用电力,减少这些设备、车辆和船舶在港区的大气污染物排放,成为改善港区以及港口城市空气质量最为重要且有效的措施之一。

专业化的集装箱码头通常使用门式起重机作为堆场作业设备,包括轨道式门式起重机(RMT)和轮胎式集装箱门式起重机(RTG)。鉴于RTG具有初始投资少、对地基基础要求低、可分期分批购置等成本优势;可以全场调度,机动灵活等便于生产组织管理的优点,成为全球近90%的集装箱码头选择的堆场作业设备,中国的绝大多数集装箱码头也都选用RTG作为堆场作业设备。

常规的RTG使用柴油作为动力,在集装箱码头正常运作和RTG正常使用的情况下,每年每台RTG作业集装箱10万TEU以上、消耗燃油超过100t,鉴于大多集装箱码头消耗柴油产生大气污染物的设备主要为RTG等港口作业机械和运输设备以及集装箱集疏运车辆,RTG通常成为大多集装箱码头自身可控的主要的大气污染物排放来源之一。

使用更加清洁的能源取代柴油作为RTG的动力,将有利于减少港区RTG的大气污染物排放,改善港区乃至港口城市的环境空气质量[68]。

2.1.2　概述

轮胎式集装箱门式起重机"油改电"是指用电力驱动代替柴油驱动,以解决RTG上应用柴油发电机带来的能源利用效率低、发动机维护成本高以及大气污染物排放多等不足的技术。

RTG"油改电"使用电力取代柴油作为动力,一方面,鉴于RTG运营过程中,通常有效使用时间只占30%,其余约70%的时间处于等待装卸集装箱的怠机消耗状态,空耗严重,排放大,使用电力后,可以大量减少怠机消耗状态,减少能源消耗;另一方面,单个发动机采用减排措施,与电厂采用脱硫、脱氮、降尘措施相比较,消耗大、效果差。因此,RTG"油改电"可以有效减少大气污染物排放,此外,大量降低现场噪声。

2.1.3 实施

RTG"油改电"技术改造通过在设备与市政供电系统之间增加1套供电系统,实现市电上机,替代原有柴油发电机组供电。市电与柴油发电机组具有系统转换功能,当设备进行堆取集装箱作业时,关闭机上柴油发电机组采用市政供电;当设备需要转场时,分离市政供电,采用发电车或机上柴油发电机组实现转场作业。

RTG"油改电"通常有低架滑触线、高架滑触线和电缆卷盘3种改造方案。

2.1.3.1 低架滑触线改造方案

低架滑触线改造方岸如图2.1-1所示。采用低空刚性滑触线架线技术,对集电器与滑触线之间的相对位置要求严格。其固定支架与滑触线之间的横向偏移不得超过15 mm,纵向偏移不得超过20 mm,对集电车的牵引技术要求较高,设备与刚性支架之间的距离必须能够保证实时监控,禁止发生碰撞[69]。关键技术有:

(1)集电车采用轨道式、柔性牵引技术,行走轮、导向轮采用防水免维护、防坠落设计。确保集电车在设备误差允许范围内安全、可靠运行。

图2.1-1 RTG"油改电"低架滑触线改造方案

（2）基于超声波测距技术的自动纠偏与防碰撞安全装置，实现了大车行走的自动纠偏或自动停机，精度可根据需要设定。

（3）大功率、自动断电功能的电力快速接头技术，确保操作人员安全，实现了动力的快速切换，为设备转场作业提供便利。

（4）集装箱区末端无电段设计，可强制断电，确保 eRTG 不会冲出箱区。

2.1.3.2 高架滑触线改造方案

高架滑触线改造方案如图 2.1-2 所示。高架滑触线采用双钩铜滑线大跨距、高空、柔性架设。受跨距及重力下垂等因素影响，铜滑线的摆动及平整度较难控制。此外，供电线路的防跑偏、防台、防雷功能也较为重要。该方法对高空滑触线架线技术、防摆技术、滑触线平整度保证技术及防跑偏功能等要求较高[69]。关键技术有：

（1）集电器稳定性技术，保证供电系统能够承受 RTG 启动的大电流冲击。

（2）集电器防跑偏技术，集电器左右各有 1m 的摆动自由度，保证 RTG 在跑偏的状况下也能够可靠的供电，类似城市无轨电车的供电方式，确保了设备转场灵活。

（3）超高铜滑触线防雷、防台风、防大雨漏电安全保护技术，实现了设备安全供电，安全作业。

（4）长距离、大跨度铜滑触线平整度保证技术，采用吊线器均布和不等长安装的方式，使铜滑线基本保持水平，吊线器的间隔距离则不宜过长。

（5）大跨距、超高铜滑线防摆技术，采用端部设置配重横担，中部间隔设置防摇横担的方式减少滑触线高空摇摆。防摇横担确保了相邻滑触线之间的距离保持不变，端部配重横担则能够使各滑触线的张紧力趋于相等。

图 2.1-2　RTG"油改电"高架滑触线改造方案

2.1.3.3 电缆卷盘改造方案

电缆卷盘改造方案如图 2.1-3 所示。电缆卷筒上机方式是在门架一侧设置电缆卷筒,电缆缠绕在电缆卷筒上,电缆的一端与 RTG 的整机供电回路连接,另一端沿着码头地面的电缆槽,连接至相应的岸电箱。RTG 行走时,电缆卷筒根据 RTG 与市电接线箱的距离收放电缆[70]。关键技术有:

(1)配置有效的换向装置,以确保使用较少的电缆。

(2)换向装置及电缆与岸电箱的插头、插座应能保证电缆方便快捷地插拔。

(3)电缆卷筒设置有编码器和凸轮限位,实现电缆满盘或空盘检测,并提供保护。

(4)需选择合理的上机电压,以便在成本及操作性之间找到一个较佳的平衡点。

图 2.1-3 RTG"油改电"电缆卷盘改造方案

2.1.3.4 方案比较

RTG"油改电"低架滑触线、高架滑触线、电缆卷盘 3 种改造方案各有优劣,如表 2.1-1 所示[71]。

RTG"油改电"3 种改造方案比较   表 2.1-1

内　　容	低架滑触线改造方案	高架滑触线改造方案	电缆卷盘改造方案
投资	机上改造项目少,费用相对最低;堆场需增设的项目多,费用相对次高。初期投资总体较低	机上改造项目少,费用相对较低;堆场需增设的项目多,费用相对最高。初期投资相对最高	机上改造项目多,费用相对较高;堆场需增设的项目少,费用相对最低。初期投资总体较高

续上表

内　　容	低架滑触线改造方案	高架滑触线改造方案	电缆卷盘改造方案
可靠性	可靠性相对较差,滑触线出现故障时将影响该箱区其他 eRTG 的作业	可靠性相对最差,滑触线出现故障时将影响港区"同行"整条箱区其他 eRTG 的作业	可靠性相对较好,单机电缆出现故障时不会影响其他 eRTG 在同一条箱区内的作业
安全性	安全性相对最差,RTG 大车行走发生较大的跑偏,可能会导致滑触线支架的损坏,影响整条箱区的作业	安全性相对较好,但取电方式若采用取电杆,雨天人工操作有一定的安全隐患	安全性相对较好,即使 RTG 大车行走发生较大的跑偏,不会对系统造成太大的损坏
转场操作性	转场作业操作环节较多,时间相对最长,效率相对最低	"跨行"转场作业与低架滑触线大致相同,效率低;"同行"跨箱区转场作业可以无需繁琐的拔插操作,效率高	转场操作需在地面进行拔插操作,转场时间较长,效率较低
占用堆场空间	堆场内需增设滑触线钢架、开关箱等,占用堆场空间相对次大	堆场内需增设滑触线高架铁塔等,占用堆场空间相对最大	堆场内只需增设电缆槽,开关箱等占用堆场空间相对最小
维护保养	维护保养的工作量及成本相对较大,需定期检查滑触线和电刷,由于电刷为易耗件,需定期更换	维护保养的工作量及成本相对最大,高空架线的维修及保养难度相对最大	维护保养的工作量及成本相对较小,只需定期检查接电箱和电缆卷盘即可

　　RTG"油改电"3 种改造方案对比结果表明,低架滑触线方式工程量小、投资省,但受滑触线刚性立柱影响设备转场不方便,比较适合小型或单独成区的堆场使用;高架滑触线可实现跨箱区无转场作业,更加适合专业化集装箱码头使用,但其受架设高度、场地、自然条件及建设规模影响较大;电缆卷盘 1 机 1 线,改造复杂、成本高,适合小规模堆场使用,需要频繁转场的大型专业化集装箱堆场不宜采用。因此,小码头较适合用电缆卷筒改造方案,中小规模的可选用低空滑触线改造方案,中大规模的更适合用高架滑触线改造方案。

2.1.4 前景

在燃油价格高企的时候,为降低 RTG 的运营成本,中国大多港口自主开始将常规以柴油为动力的 RTG 改造成以电力为动力的电动 RTG(ERTG),鉴于这一做法有利于节能减排,政府又从经济上给企业奖励,从而有力地推动了这一进程,目前,中国大多港口均完成了 RTG"油改电"的工作,共计完成改造 2000 多台,年减少港口柴油使用量超过 20 万吨,大量减少了港区大气污染物排放,为改善港区乃至港口城市的环境空气质量做出了应有的贡献。目前,中国仍有极少数量的 RTG 没有实施"油改电"的原因主要有:设备接近报废年限;堆场改造位置受限;适应危险品堆场使用需要;应对加速堆场装卸作业或者适应应急处置需要。

除了中国外,APM Terminals 的码头[72]以及韩国釜山港集装箱码头也大量实施 RTG"油改电",当前国外集装箱码头还有不少 RTG 仍然以柴油为动力。不过,未来的专业化集装箱码头使用电动化堆场作业设备是大势所趋。

2.2 靠港船舶使用岸电

2.2.1 背景

靠港船舶通常利用其辅机燃油发电,满足船上冷藏、空调、加热、通信、照明、应急和其他设备的电力需求。船舶辅机燃油发电过程中会排放大量 SO_x、NO_x 和 PM 等空气污染物,恶化港区乃至港口城市的环境空气质量,影响港口工作人员和城市居民的身体健康。

根据 CARB 采用的远洋船舶排放估算方法中[73],船舶辅机使用不同类型燃油发电的大气污染物排放因子如表 2.2-1 所示。

船舶辅机燃油发电排放因子　　　　　表 2.2-1

燃油类型品质	排　放　(g/kWh)							
	CH_4	CO	CO_2	NO_x	PM_{10}	$PM_{2.5}$	ROG	SO_x
硫含量 0.1% 的船用柴油	0.07	1.10	588	17.0	0.25	0.23	0.78	0.36
硫含量 0.5% 的船用柴油	0.07	1.10	588	17.0	0.38	0.35	0.78	1.90
硫含量 2.5% 的船用重油	0.08	1.38	620	18.1	1.50	1.46	0.69	10.50

船舶靠港期间辅机发电容量需求较大,根据 CARB 的研究报告[74],不同类型

船舶靠港期间的平均功率需求如表 2.2-2 所示。正常使用的码头,泊位利用率通常高于 50%,由此可以推算靠港船舶辅机发电消耗的燃油量和排放的大气污染物相当可观。

不同类型船舶辅机平均功率　　　　　　　　　表 2.2-2

船 舶 类 型	靠港平均功率需求	船 舶 类 型	靠港平均功率需求
集装箱船	1~4MW	滚装船	700kW
邮船	7MW	油船	5~6MW
冷藏船	2MW	散货船	300~1000kW

2015 年我国珠三角港口挂靠船舶靠港期间消耗燃油和排放大气污染物的量化分析结果表明[75],当年在珠三角港口挂靠的 3000DWT 及其以上吨级的集装箱船、干散货船、液体散货船、杂货船和滚装船靠港期间消耗的燃油总量达到 23.4 万吨,估算排放的硫氧化物、氮氧化物、可吸入颗粒物和细颗粒物分别达到 8500t、10400t、1020t 和 930t。

由此可见,靠港船舶大气污染物排放是港区大气污染物的主要来源之一,有效减少靠港船舶的大气污染物排放,是建设绿色港口、改善港区乃至港口城市环境空气质量的重要手段。

2.2.2　概述

靠港船舶使用岸电就是将市政电网的电力,从码头供电系统,引到设在码头上的船舶岸上供电系统,船舶靠港后,利用船岸连接系统连接码头上的船舶岸上供电系统和船载受电系统,通过船载受电系统向船舶供应市政电网电力,满足船上冷藏、空调、加热、通讯、照明、应急和其他设备的电力需求,取代船上辅机燃油发电的过程。

靠港船舶使用岸电取代辅机燃油发电,将有效减少港区大气污染区排放、改善港区乃至港口城市的环境质量。与此同时,通过增加水力、太阳能等可再生能源或天然气、核能等清洁能源发电份额或者致力于提高火力发电厂节能减排水平,集中采用脱硫、脱氮和除尘等环保技术,也可以将火力发电的污染物排放强度,下降到较船舶辅机燃油发电更低的程度,从而也有利于减少污染物排放总量。以中国为例,通过长期的努力,一方面,清洁能源或可再生能源发电的份额不断提高,2017 年与 2010 年相比较,火力发电的份额由 79% 下降到 72%,水力和核能发电的份额由 19% 提高到 22%[76,77];另一方面,根据统计,在 2010 年,中国火力发电的二氧化硫、氮氧化物和细颗粒物排放强度分别为 2.883g/kWh、2.795g/kWh 和 0.295g/kWh,就显著低于船舶辅机使用硫含量 2.5% 的船用重油发电[78]。

2.2.3 实施

要实现靠港船舶使用岸电,需要满足以下全部条件[79]:

(1)港口或者港口电力供应公司申请到为船舶供电的电力供应容量,有能力负担增容费;

(2)港口有能力投资建设船舶岸上供电系统且投资成为经济或者必然的选择;

(3)船公司有能力投资建设船载受电系统且投资成为经济或者必然的选择;

(4)港口或者港口电力供应公司向靠港船舶供应岸电成为有益、经济或者必然的选择;

(5)船舶使用岸电成为有益、经济或者必然的选择;

(6)靠港船舶使用电力与地方经济社会发展用电没有实际上或者政策上的矛盾;

(7)城市供电系统有能力并且愿意为船舶供应电力;

(8)港口或者港口电力供应公司有能力维护、管理和安全操作船舶岸上供电系统和船岸连接系统;

(9)船舶有能力维护、管理和安全操作船载受电系统和船岸连接系统;

(10)港口或者港口电力供应公司与船公司对于船舶使用岸电用电计量和用电费收协商达成一致意见。

只有完全满足上述条件,才能实现靠港船舶使用岸电,从而有效减少靠港船舶大气污染物排放,改善港区乃至港口城市的环境空气质量。

2.2.3.1 设施

码头配备船舶岸上供电系统、船舶配备船载岸电受电系统以及码头或船舶配备与上述岸上供电系统和船载受电系统配套的船岸连接系统是靠港船舶使用岸电必备的硬件条件。图 2.2-1 所示为一套高压上船靠港船舶使用岸电系统硬件配置构成示意图,图中位于码头陆域的"高压变频配电房"、位于码头前沿的"高压接电箱"以及其间的电缆连接构成船舶岸上供电系统;从码头前沿"高压接电箱"到"船载变电站"之间的连接电缆及"高压电缆卷车"构成船岸连接系统;"船载变电站"作为船上受电系统,与船舶电站相连接。

图 2.2-1　一套高压上船靠港船舶使用岸电系统示意图

　　现有靠港船舶使用岸电系统硬件配置的方式和特点如表 2.2-3 所示。实际的靠港船舶使用岸电系统是上述硬件配置功能的组合,如市政电网频率为 50Hz 的情况下,可以配置一个既可以通过变频装置供应 60Hz 电力,也可以不经过变频装置直接供应 50Hz 电力的船舶岸电供电系统。

　　除了码头和船舶上的硬件配置外,靠港船舶使用岸电系统还需要配置相应的软件,实现船岸实时监测、实时控制,自动电压跟踪、自动调整、自动稳压、远程修复等功能。

现有靠港船舶使用岸电系统硬件配置的方式和特点 表 2.2-3

岸上供电系统		船岸连接系统	船载受电系统
电压	频率	电缆及卷车提供方	变压
低压 230V/400V/450V	50Hz	码头	×
	60Hz		
高压 6kV/6.6kV/11kV	50Hz	码头	×
			√
		船舶	×
			√
	60Hz	码头	×
			√
		船舶	×
			√

2.2.3.2 政策

码头配备船舶岸上供电系统、船舶配备船载岸电受电系统以及码头或船舶配备与上述岸上供电系统和船载受电系统配套的船岸连接系统只是具备了靠港船舶使用岸电的基本条件,只有港口或者港口电力供应公司实际向靠港船舶供应电力并提供相应的服务以及船舶靠港使用岸电取代辅机燃油发电,成为有益、经济或者必然的选择时,靠港船舶才可能使用岸电,从而达到减少靠港船舶在港区的大气污染物排放的目的。

靠港船舶使用岸电有效减少港区大气污染物排放,改善港区乃至港口城市的空气质量,使港区、港口、港口周边乃至港口城市的居民从中受益。港口城市政府出资鼓励码头配备船舶岸上供电系统、船舶配备船载岸电受电系统以及码头或船舶配备与上述岸上供电系统和船载受电系统配套的船岸连接系统,特别是鼓励靠港船舶使用岸电,理所当然。国家、行业或者港口城市政府鼓励辖区内码头配备船舶岸上供电系统、相关船舶配备船载岸电受电系统以及辖区内码头或相关船舶配备与上述岸上供电系统和船载受电系统做法容易接受,但是目前促进靠港船舶使用岸电的政策应用不多。

中国深圳市政府 2014 年 9 月 25 日发布了《深圳市港口、船舶岸电设施和船用低硫油补贴资金管理暂行办法》,在 2014 年 9 月 22 日起的未来 3 年内,对于港口岸电设施建设、船舶使用岸电和转用低硫油实施补贴。船舶使用岸电补贴标准为:港口企业按 0.70 元/kWh 的价格与靠港期间使用岸电的船舶结算电费;对港口企业岸电电费成本与上述结算价格的差价给予全额补贴,并可根据岸电设施维护成本额外给予不超过电价成本 10% 的价格补贴;按年度全额资助港口企业岸电设施供电需量费。这项激励政策没有获得挂靠深圳港口船公司的响应,在大多码头建设了岸电供电系统且具备岸电供应能力的情况下,即使配备了岸电受电系统且在美国加州靠港使用岸电的船舶,在深圳港靠港时实际也极少使用岸电。

美国加州 2010 年 10 月 16 日颁布了加州靠港船舶规则(The California's At-Berth Regulation),即"靠泊加利福尼亚港口远洋船舶应用的辅助柴油发动机的有毒大气污染物控制",该法强制要求从 2014 年 1 月 1 日起挂靠加州港口的集装箱船(船公司船舶年挂靠加州港口 25 次以上)、邮船(船公司船舶年挂靠加州港口 5 次以上)和冷藏货物运输船靠泊期间必须不断加大关闭发动机、使用岸电的比例。法律规定的各船公司挂靠每一个加州港口的船舶使用岸电的挂靠次数占其在该港口总挂靠次数的比例,2014—2016 年期间,达到 50%;2017—2019 年期间,达到 70%;2020 年之后,达到 80%。如果船公司挂靠船舶不能满足上述要求,每次停靠将根据情况罚款 1000~75000 美元。法律条文还对许多细节做了明确的要求,比如对于每个船公司而言洛杉矶港和长滩港视为一个港口处理;2 小时内靠泊多个泊位视为 1 次靠泊;以自然年为核算时间段等。因为是强制性的法律要求,实际执行效果达到甚至超过预期。图 2.2-2 所示为洛杉矶港 2014—2017 年全年以及 2018 年 1—10 月统计的按照要求需要靠港使用岸电的集装箱船靠港使用岸电的实际情况[80]。表 2.2-4 所示为 2017 年嘉年华邮轮公司公布的其邮轮 2016 年在北美港口靠港使用岸电电量。

嘉年华邮轮公司船舶 2016 年靠泊北美港口使用岸电情况　　　　表 2.2-4

港口	哈利法克斯港	西雅图港 30 号和 91 号码头	旧金山港	长滩港	圣地亚哥港
船舶连接岸电次数	31	75	33	217	36
船舶连接岸电时间(h)	188	546	306	2296	256
船舶使用岸电电力(kWh)	1011957	3575680	2769081	10714158	1896633

实践证明,强制性政策是推动靠港船舶使用岸电的最有效方法。

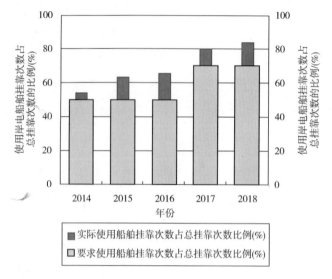

图 2.2-2　洛杉矶港靠港集装箱船使用岸电情况

2.2.4　前景

目前,全球建设了岸电供电系统的码头较多,北美西海岸的集装箱码头和邮船码头、欧洲港口不少邮轮码头和渡轮码头以及中国沿海大多港口的集装箱码头建设了岸电供电系统,可以向国际航行船舶供电;欧洲内河以及中国内河不少码头配备了岸电供电系统,可以为区域内航行船舶供电。在靠港船舶实际使用岸电方面,美国加州对部分类型船舶实施强制使用政策,靠港船舶实际使用岸电较多;欧洲和中国渡船码头、中国的电厂或者滚装船码头实际使用岸电较多。

欧盟 2014 年 10 月 28 日发布指令(Directive 2014/94/EU),要求在 2025 年 12 月 31 日之前,成员国港口建设完成岸电供电系统,具备向靠港远洋和内河船舶供应岸电;中国交通运输部 2017 年 7 月 20 日发布了《港口岸电布局方案》提出了雄心勃勃的 2020 年码头岸电供电系统建设计划,截至 2018 年 11 月底,已经建成码头岸电发供电系统 2400 多套。未来在这些地区具备岸电供应能力的码头将越来越多,要求靠港船舶使用岸电理应是必然。

3 控制污染排放

水运适应大宗干散货的运输,在发展中国家有大量的干散货运输,中国当前港口吞吐量的约1/3是干散货吞吐量,干散货在港口装卸、堆存和运输作业过程会产生严重的粉尘污染,有效治理干散货码头粉尘,有助于改善港口乃至港口城市的环境空气质量,提高港口工人和港口周边居民的健康水平。

3.1 防风网抑尘

3.1.1 背景

专业化煤炭、矿石码头堆场配备大型机械较多、堆存量大,目前国内外多采用利用率高、较经济的露天堆存方式。露天堆存在散货料场在风力作用下极易产生扬尘,不但造成原料的损失,还给周围的环境造成了污染。通常情况下,如果码头采用传统的露天堆场,其堆场风蚀扬尘将对港区外环境产生较大影响。

经有关研究证明,港口散货码头堆场粉尘无组织排放占其总排放量的97%[81],由此可见,堆场粉尘无组织排放是煤炭码头粉尘污染的主要来源,解决堆场粉尘无组织排放具有重要意义,也是解决散货码头粉尘排放的关键。

3.1.2 概述

堆场起尘的原因分为两类:一是堆表表面的静态起尘;二是在堆取料等过程中的动态起尘。静态起尘是指物料堆存过程中的起尘,主要与风速、物料含水率、物料物理特性等因素有关;动态起尘是指物料在装卸过程中的起尘,主要与风速、装卸落差等因素有关。

目前,堆场抑尘主要原理为减小风速、增加堆料含水量、减小堆料暴露表面积等,主要抑尘技术有洒水抑尘、防风网抑尘、化学抑尘及其他抑尘方法,优缺点分析见表3.1-1。

散货堆场粉尘主要防治技术   表 3.1-1

抑尘措施	抑尘效率	适用范围	主要优点	主要缺点	综合评价
洒水抑尘	含水率6%时与无措施比,抑尘效率60%	所有煤堆场	国内外的大型散货码头普遍采用,工艺稳定、可靠安全,投资相对较低	抑尘效率60%,相对较低,受水源和季节气候的制约;产生二次污染。单独使用很难达到环保要求	一般
苫盖抑尘	50%~80%	堆场	一次性投资,防护范围大	机动性较差,产生二次污染	较好
化学抑尘	90%左右	堆场	防尘效果明显,节水	投资高,需持续投资,操作复杂,管理困难,产生二次污染	一般
防风网抑尘	45%~85%	所有堆场	一次性投资,不产生二次污染,防护范围大	投资高,受地形、天气的影响较大,不能兼顾全年风向和气象条件	较好
筒仓	100%	货物周转期短、货种少	占地面积小、自动化程度高、环保性能好、设备维护简单、运营费用低等	存在一次性投资过大,对安全设施及运营管理要求高等问题,适用条件局限性较大	较好

由表 3.1-1 可以看出,针对散货堆场粉尘的几种防治技术,各具优缺点。从环保性能来看,洒水抑尘技术单独使用抑尘效率难以达到环保要求;苫盖抑尘机动性较差,通常难以全部覆盖实时达到环保要求,且覆盖物产生二次污染;化学抑尘效果显著且节水,但是化学抑尘技术操作复杂,抑尘剂量管理困难,且产生二次污染,投资成本高;防风网的抑尘效率受自然条件、煤炭特性及防风网本身的技术参数等因素的影响,抑尘效率范围较大,理论计算情况下可以达到环保要求;筒仓具有良好的环保性能,彻底解决粉尘污染,但投资成本、运营成本、后期维护费用均很高,且适用条件局限性较大。从综合评价结果来看,防风网优于传统的洒水和苫盖抑尘等措施,在达到同等条件的环境指标时比化学抑尘和筒仓经济,且一次投资,长期受益,维修管理费用低,对于港口的粉尘防治问题具有较强的针对性。

依据《部分行业污染物排放量核定技术导则》，露天储煤粉尘在装卸过程中的产污系数为 3.53~6.41kg/吨煤/年。以原煤用量每年 50 万吨计，产污系数在计算过程中取最大值，使用防风网后，按 80% 的减尘率计算，每年可节约 2564 吨煤，见图 3.1-1。

外侧防尘效果

内侧煤堆场

图 3.1-1 唐山港京唐港区煤炭码头防风网内外对比图

3.1.3 实施

（1）防风网高度宜为料堆高的 1.1~1.5 倍。

（2）开孔率是防风网的开孔面积与总面积之比，有效的开孔率范围为 20%~60%。

（3）高度为 H 的防风网与地面之间形成一个间隙 G，文献提出 $G/H = 0.125$ 为最佳值。

（4）对于单料堆，防风网设置在料堆上风向的 $(2~3)H$ 处抑尘效果较好。

（5）设网方式需综合考虑诸如堆场的大小、周围风环境以及成本等多方面因素确定，常用的有在主导风向前设网与四周设网 2 种。此外，一些防风网工程中采用在主导风向前方设网与侧面设网相结合的 L 型设网方式。

3.1.3.1 设施

目前，广泛使用的防风抑尘网一般包括 4 部分：

（1）地下基础，可现场浇注混凝土，也可预制混凝土件；

（2）防撞墙，防止大型机械运输、装卸过程中撞毁防风抑尘网；

（3）支护结构，采用钢支架制成，以提供足够的强度，保证足够的安全，以抵御强风的袭击，同时考虑了整体型形的美观；

（4）防风抑尘板，现场将单片防风抑尘板组合起来形成防风抑尘网，板与板之间无缝隙,防风抑尘板与支架之间采用螺钉和压片连接固定。

根据防风抑尘网移动性能的不同,可分为固定式和移动式两种。目前,防风抑尘网以固定式为主。固定式防风抑尘网主要有三种结构形式:全网结构、网—墙结构和网—百叶窗结构,考虑到堆场有大型设备的使用,为防止防风抑尘网不小心被撞坏,通常采用有防撞墙的网—墙结构。可移动升降式防风抑尘网采用电动升降式处理,即在使用时可将防风抑尘网提高到一定的高度,而非作业时间将防风抑尘网降低,不影响作业现场的其他作业。

根据不同的使用目的和环境状态,防风抑尘网可采用不同的材质。目前国内外较为广泛采用的材质主要有三种:玻璃钢、金属板、复合材料。材质选择的主要依据防腐及防老化要求、造价及运行维护费用、环境污染及后期利用来进行综合评估。

3.1.3.2 政策

中国建设项目实行环境保护"三同时"制度,即环境保护设施与建设项目同时设计、同时施工、同时投入生产使用,因此,港口项目在设计时同步配套环境保护设施。这一强制性规定,使得散货码头建设时采取了相应的环保措施,针对散货堆场粉尘通常采用了洒水抑尘、苫盖抑尘、化学抑尘及防风网等防治措施。此外,当前环保要求日趋严格,新颁布的《大气污染物排放标准》(GB 3095—2012)较上一版(GB 3095—1996)标准更加严格,其中取消原有的三级标准,增加了$PM_{2.5}$标准,且PM_{10}的日均排放浓度和年均排放浓度均降低。标准的提高对散货堆场粉尘防治技术的选择也提出了新的挑战。根据多年监测结果,在不能采取洒水抑尘的季节,散货堆场周围地区的粉尘污染比较严重,在改变目前现状的各种措施中,只有防风网防尘技术最为有效,尤其是淡水源紧张、冰冻期长、盐碱化程度高的北方港口的散货码头堆场使用具有绝对优势。

3.1.4 前景

近年来,随着交通行业绿色港口建设工作的开展,对散货码头在环保、节能、低碳等方面提出了更高的要求,《船舶与港口污染防治专项行动实施方案(2015—2020 年)》具体目标提出:到 2020 年主要港口 100%的大型煤炭、矿石码头堆场建设防风抑尘设施或实现封闭储存。但因为目前只有黄骅港三期、四期工程建设了筒仓,筒仓更适合货种少、堆存周期短的货主码头配套堆场,而防风网应用广泛,根据交通环保统计数据,截至 2016 年底国内港口已建防风网总长度约 57.5km,尤其在中国北方大型散货码头应用较多,防风网技术在粉尘防治中的显著效果和比较优势,使得其具有广阔的应用前景。

3.2 干雾抑尘

3.2.1 背景

PM$_{2.5}$是一种长期悬浮于大气环境,具有比表面积大,易于富集多环芳香烃、多环苯类、病毒和细菌等有毒物质,以及少量有毒元素的颗粒污染物,是导致大气能见度降低、灰霾天气和全球气候变化等重大环境问题的重要因素[82]。PM$_{2.5}$一旦在人体呼吸系统沉积将产生严重的危害,世界卫生组织研究表明 PM$_{2.5}$年均浓度达到 35μg/m^{3}时,人的死亡风险比 10μg/m^{3}约增加 15%。世界主要发达国家和国际组织已将港区细颗粒物和可吸入颗粒物(PM$_{2.5}$、PM$_{10}$)列为主要的监控项目。中国于 2013 年 3 月 1 日开始将 PM$_{2.5}$指标纳入新修订的 GB 3095—2012《环境空气质量标准》,并提高了 PM$_{2.5}$、PM$_{10}$的标准值,同时开始分步实施对 PM$_{2.5}$的监测,并于 2016 年 1 月 1 日起在全国范围实施[2]。由此可见,随着经济的发展,人们对空气质量的要求日益严格,PM$_{2.5}$、PM$_{10}$的控制成为环保主管部门管理的重点之一,也同时成为研究者们关注的新领域。

煤炭、矿石等散货码头装卸和堆存过程中在风力作用下起尘,根据尘源粒径不同,分为 TSP、PM$_{10}$和 PM$_{2.5}$。目前,港口系统广泛应用的除尘技术主要有干式除尘和湿式除尘,其中,干式除尘主要解决有组织排放源的问题,一般应用在转接塔等有组织排放点源,处理效率可以达到 95%以上;湿式除尘技术对无组织排放的粉尘具有抑制作用,但水雾颗粒大,处理细小粉尘,如 PM$_{10}$和 PM$_{2.5}$的能力比较低,耗水量大,冬季无法正常使用。而干雾除尘技术可以解决上述问题,成为控制散货码头无组织排放源 PM$_{10}$和 PM$_{2.5}$的有效技术。

3.2.2 概述

干雾抑尘是 2002 年兴起于美国的新型除尘技术,2006 年引进到国内。微米级干雾抑尘装置可利用高频声波使水充分雾化,形成直径<10.0μm 的水雾颗粒,再通过干雾喷嘴将水雾颗粒喷射到密闭或半密闭的粉尘发生点,水雾颗粒能将粉尘

颗粒包围,再经碰撞、粘结使粉尘颗粒变大、聚结继而坠落,从而达到抑尘的目的。干雾抑尘技术的处理对象主要是直径<150μm 的粉尘颗粒,同时对直径<10.0μm 的可吸入性粉尘颗粒也有很好的抑制效果。干雾抑尘系统耗水量小,不到普通洒水除尘用水量的 1/10,运行费用低,比传统布袋除尘系统约节省运行费用 40%~60%,冬季冰点以下仍可正常使用。目前,干雾除尘技术在国内一些大的煤炭公司、钢铁公司、热电厂等已采用,在大型干散货码头的应用也较为普遍,如曹妃甸矿石码头(一、二、三期)、曹妃甸煤码头、神华煤码头、秦皇岛港煤(三、四、五期)等都得到应用(见图 3.2-1,图 3.2-2)。虽然干雾除尘技术的适用范围较广,但不适用于散粮、水泥、化肥等亲水性物料。

图 3.2-1　干雾抑尘在桥式矿石卸船机、翻车机上应用

图 3.2-2　干雾抑尘在装船机、带斗门机卸料斗上应用

以秦皇岛港有限公司现有翻车机(翻车机房 13 座,翻车机组约 25 台套)采取干雾抑尘技术为例,据秦皇岛环境保护监测中心对卸煤现场(翻车机房)的监测,粉尘含量 4.75mg/m³,采用干雾抑尘装置后,粉尘含量降至 0.5mg/m³,符合劳工作业标准;每天喷水仅 10 吨,喷水量减少了 90% 以上;每年可减少煤炭经济直接损失

在 3000 万元,若考虑煤炭因采取洒水措施增加煤炭含水量导致的热值损失,年损失达到 5 亿元。

3.2.3 实施

3.2.3.1 设施

干雾抑尘装置采用模块化设计技术,由数组微米级干雾机、空压机、储气罐、喷头万向节组件、水气连接管线和电伴热系统组成,主要设备为干雾机、空压机、储气罐和干雾喷嘴。

(1)干雾机

将气、水过滤后,以设定的气压、水压、气流量、水流量按开关程序控制电磁阀打开或关闭,经管道输送到喷雾箱中,实现喷雾抑尘。它由电控系统、多功能控制系统、流量控制系统组成。

(2)喷雾箱

接收由干雾机输送来的气、水并将其转化成水滴直径为 $1 \sim 10 \mu m$ 的干雾,按干雾机的控制指令喷向抑尘点。

(3)空压机

其作用是为干雾抑尘装置提供标准气源。

(4)储气罐

其作用是当空压机的排气量不能满足干雾机瞬时排量要求时,先将空压机排出的压缩空气储存起来,以便满足干雾机的瞬时用气量。

(5)喷雾喷嘴

喷雾喷嘴可喷出 $1 \sim 10 \mu m$ 的水雾,对 $10 \mu m$ 以下可吸入性粉尘具有较好的治理效果。

干雾除尘的流程见图 3.2-3。

3.2.3.2 政策

当前,全球都在追求绿色发展,中国政府也对绿色发展十分重视,绿色理念正在深入人心,各行业都在紧锣密鼓地行动。中国出台了鼓励环保新技术发展的文件,通常是针对一个污染防治技术的大方向,很少就某一项具体技术提出,因此干雾抑尘技术属于粉尘综合防治鼓励技术中的一项技术。

根据《工业场所有害因素职业接触限值化学有害因素》(GBZ 2.1),其中对于呼吸性煤尘的最高容许浓度为 2.5mg/L。呼吸性粉尘是指按照呼吸性粉尘测定方法所采集的可进入肺泡的粉尘粒子,其空气动力学直径在 7.07μm 以下,空气动力学直径 5μm 粉尘粒子的采样效率为 50%,简称"呼尘"。对于呼尘的控制,干雾抑尘技术具有绝对的优势,尤其在处理散货码头翻车机房、装船机、卸船机等需要湿式除尘且有人员操作的工作场所。

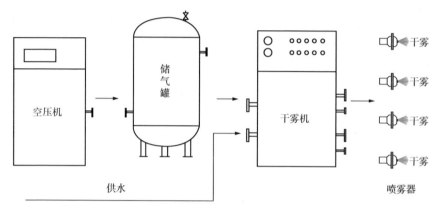

图 3.2-3 干雾抑尘流程图

3.2.4 前景

与其他除尘技术相比,干雾抑尘技术具有以下优势:

(1)在污染的源头,即起尘点进行粉尘治理,水雾颗粒达到烟雾和干雾级,在抑尘点形成浓而密的雾池,无二次污染无需清灰,适用于无组织排放,密闭或半密闭空间的污染源;

(2)抑尘效率高,针对直径为 10μm 和 2.5μm 以下可吸入颗粒物治理效果高达 96% 以上,避免尘肺病危害;

(3)节能减排,耗水量小,与物料重量比仅 0.02%~0.05%,是传统除尘耗水量的 1/10~1/100,物料(煤)无热值损失;

(4)占地面积小,全自动 PLC 控制,节省基建投资和人员管理费用;

(5)干雾抑尘系统设施的可靠性高,省去传统的风机、除尘器、通风管、喷洒泵房、洒水枪等,运行、维护费用低;

(6)大大降低粉尘爆炸概率,可以减少消防设备投入;

（7）冰点以下冬季可正常使用且车间温度基本不变(其他传统的除尘设备,使用负压原理操作,带走车间内大量热量,需增加车间供热量)；

（8）大幅降低除尘能耗 40%~90% 及运营成本。

干雾抑尘技术可有效降低粉尘对大气的污染,改善周围环境空气质量;同时在筛分塔、皮带输送机、堆挖料机、装船机等设备工作场所均有广泛应用的前景,其产品技术水平高,可成为推动粉尘污染治理行业技术进步的新兴产业。

4 提高能源效率

4.1 改善电能质量

4.1.1 背景

港口设备动力电力化是减少港区污染物排放的重要途径,因此,在大力推进绿色港口建设的过程中,大型港口装卸机械"油改电"、靠港船舶使用岸电、电动汽车充换电、风力发电、光伏发电等港口电气化改造项目、新能源发电项目在港口逐渐实施,采用电力设备使港口装卸效率和用能效率明显提高,但港口原有的配电网难以适应电力负荷类型多样化、分布式电源渗透的新形式,港口电能质量问题时有发生,港口电能质量改善有待开展。

港口主要用能设备较多,其中大型港口装卸设备的生产能耗占港口总能耗比例最大,是影响港口能耗的最大因素。例如集装箱码头,生产用能占总能耗的80%以上,生产用能中大型装卸设备(岸桥、场桥)用能量最大,其拖动电机的工作运转时间与停转时间或空转时间交相更替,属于反复短时工作制的用电设备。这类设备的负载时刻在变化,是供电系统中的不稳定负荷。

以日负荷为监测对象,某港口日用电负荷最高负荷达到3.66MW,用电负荷最低负荷只有1.6MW。这种大范围的负荷波动,变化快、频率高、幅度大,是严重影响港口电网电能质量的重要因素。港口用电负荷变化曲线如图4.1-1所示。

根据监测数据,大型港口装卸设备在工作期间,其电流谐波畸变率变化起伏较大,最大THD高达45%;电压THD随电流变化,电压THD最高值为1.45%。某港电力系统电压电流谐波监测如图4.1-2所示。

港口电网受港口非线性负荷和新能源接入的影响,产生电能质量问题,不良的电能质量将会影响电气设备的性能和指标,例如,异常的电压和频率偏差会引起异步电机负荷的转速和功率变化,导致传动机械的效率降低;谐波电流在旋转电机、输电线路、变压器等输配电设备中流过,使这些设备因附加损耗而过热,浪费电能,

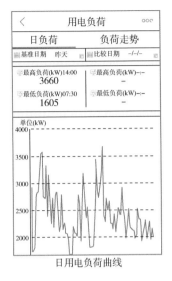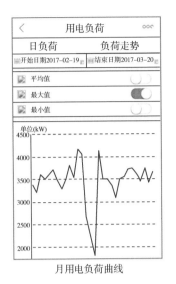

图 4.1-1 港口用电负荷曲线

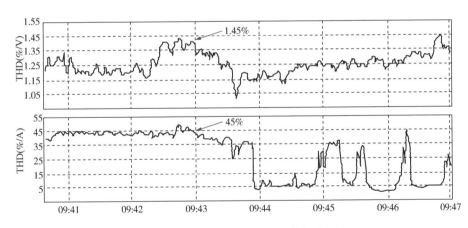

图 4.1-2 某港电力系统电压电流谐波监测图

引起设备老化,降低了这些设备的寿命或系统容量;如果发生谐振,产生过压,将会对电气系统和电气设备造成危害。

港口电能质量问题时有发生,严重时导致电气设备绝缘和机械损坏,影响港口电网的稳定运行,将造成较大的经济损失和企业的负面影响,甚至危害人身安全,港口电能质量有待改善。

4.1.2 概述

影响电能质量的因素主要有电网频率偏差,电网谐波,电压幅值不符合标准要求(过压、欠压),电压暂升、暂降和短时中断,电压波动、闪变等。为提高港口电能质量,需采取相应的技术措施。

(1)港口多能源利用协调管理技术

港口配电网含有起重机械、船舶岸电、港区照明、新能源发电、储能等多源能源及用能形式,各部分用能接入情况不一,多元能源多时间尺度作用于电网的特性不一样,带来对电网的影响不同,需要制定用能的管理机制,构建适宜港口多源能源及用能的协调管理系统。

(2)港口电力网络优化技术

电力负荷类型增加,电力负荷容量变大,电网结构趋于复杂化,电力设备重载运行会影响电网的安全稳定,可以通过优化改造港口电网,使得港口电力设备能够经济运行,使供电电压在工作区间内;合理安排不同区域的用电容量,避免不平衡运行现象发生;对于重点、大容量的负荷,采取双电源线路供电形式,保证一路故障情况下能够继续运行,不会造成电网的波动。

(3)电能质量检测技术

随着生产规模不断扩大,港口供电电网也在不断地扩展,大型生产设备、传送设备和新型电气设备日益增加。港口设备中以电子整流设备、短时冲击负荷、非线性设备居多,这些负荷将导致港区电力系统谐波污染加重。传统的电能质量监控装置不能连续对谐波等电能质量问题进行监测,只能测量某种电能质量指标,不具备综合测量、统计分析和判断功能。需开发适宜港口的多指标、综合能力强的在线实时电能质量监测系统。

(4)储能技术

港口作业起重机械用能属于间歇式大脉冲的用能形式,易引起电网波动,添加储能装置可以缓解间歇式脉冲负载;大功率快速充电电动运输车辆集中充电功率大,易引起电网波动,可以采用换电、快充相结合的方式,结合港口日用负荷功率曲线,采用储能技术削峰填谷,避免高峰负荷,引起电网波动。

(5)谐波治理技术

港口电网中存在着较多的阻感性用电负载,如异步电动机、变频器、非线性电力电子整流装置等,这些负载在运行过程中不仅要消耗大量的无功功率,也会产生谐波电流,其无功电流将会增加电能损耗,同时又降低电网的功率因数。根据电力电子设备的功率特性,需采取相应的滤波措施,既有效控制电网的输入谐波,衰减经电源流入的电磁干扰信号,将电源功率无损的传输到设备,又同时控制设备本身产生的电磁干扰信号,防止其进入港口电网,对其他设备产生不利影响。

(6)无功补偿技术

当前,我国重要港口采用的电气设备主要以国外进口或合资产品为主,包括ABB、SIEMENS、施耐德等国际品牌。目前,港口大型主装卸机械电气系统均采用变频装置,该变频装置均配置有补偿、谐波治理装置,能确保功率因素保持在0.95以上;对于一些运行年限较长的港口,电气设备需要改造建设相应的就地无功补偿配套设施。总之,对于港口作业时瞬时电压波动、无功变化幅值较大的设备或装置,为了快速、有效地进行无功补偿,需要设计安装相应容量的无功补偿装置,全面提高港口用能质量。

4.1.3 实施

针对港口供电系统存在的功率因数偏低、电压波动、谐波污染等电能质量问题,结合现有的电能质量治理技术,从港口电能质量规范要求出发,提出港口电能质量治理技术方案。

(1)系统设计原则与规范要求

根据《海港总体设计规范》[83],10(6)kV 及以下的供电系统,当采用电力电容器作为无功补偿装置时,宜就地平衡补偿。补偿基本无功功率的电容器组宜在变电所内集中自动补偿。补偿后低压侧功率因数不应低于0.9,高压侧的功率因数应符合当地供电部门的规定。容量较大、负荷平稳且经常使用的用电设备的无功功率宜单独就地补偿。变电所内高低压无功功率补偿宜采用自动补偿装置。负荷波动频繁且幅度较大的变电所,宜采用动态无功补偿装置。

根据国标 GB/T 14549《电能质量公用电网谐波》[84]的要求,规定低压电网的谐波总畸变率限值为5%。考虑到上级电网谐波对下级电网的传递效应(传递系数0.8),随着电网等级的提高,各级电网总畸变率应逐渐减小,标准中规定 6kV 和10kV 电网总畸变限值为4%,35kV 和66kV 电网总畸变限值为3%,110kV 电网的总畸变率限值为2%。至于各次谐波含有率的限值,标准中主要规定为两大类分为奇次谐波和偶次谐波,偶次谐波为奇次谐波的一半,而奇次谐波含有率限值为80%电压总谐波畸变率。

(2)相关设备

①分组投切并联电容器

对于投运年限较长的港口,随着用电负荷增长可能出现低功率因数运行情况,建议在港口前沿变电所内增设分组投切电容器进行集中无功补偿。并联电容器作为传统无功补偿装置目前仍被广泛应用,适用于季节性或负荷变化较大的供电区域,通过跟踪用户侧10(6)kV供电母线的无功电压情况分级投切电容器组实现母线上无功功率补偿。

分级补偿的关键是分组数量和分组数的确定,每组电容器容量应按系统无功的实际情况设计。根据系统的不同负荷运行情况,监测母线电压及功率因数,分段投入或切除部分电容器组,使电容器整体工作在最佳状态,有效地减少无功损耗并保持系统功率因数在较高范围内,并且避免过补。

②能量回馈系统

港口起重机、岸边桥式起重机等装卸设备工作特性属于冲击性电动机负荷,这类设备的变频系统一般是四象限运行,当电机减速、制动或带有位能性负载重物下落时,电动机处于再生发电的状态。再生能量回馈,不仅有利于节能减损,还可提升港口电能质量,利用大量设备同时运行时电机加速、提升等耗能状态和减速、制动、降落等再生能量状态的随机性和同时性,再生能量回馈可起到平抑有功消耗的作用,避免大量电动机同时运行导致的港口电能质量问题。

传统的变频调速变频系统从电网取电一般采用晶闸管/二极管整流方案,能量传输不可逆,电动机产生的再生电能传输到直流侧滤波电容上通过并联的制动电阻耗能,该系统需要进行能量回馈系统改造,使能量回馈先于制动电阻作用。随着全控器件发展,新型港机变频系统采用全控器件实现四象限运行方式,使得电动机再生能量可回馈电网,在电能质量控制环节有了较大的改善和提高。

港口大型驱动装置电气系统若采用能量回馈电网的形式,首先应校验最大回馈能量与并网点电网容量的匹配性,如果当前电网能力较弱,多种设备同时回馈能量会导致节点电压升高,这将严重影响系统运行稳定性,此时回馈能量与电网容量应考虑增加储能装置来存储较多的回馈电能,为下次高峰容量提供有益的补充。

储能装置可以实现能量回馈再利用,考虑到港口电气设备反复短时工作制特点,储能装置具备快充快放、高功率密度等特点,是有效解决电气设备反复短时工作制的一种装备。目前常用的储能装置是超级电容储能、电池储能等。该储能装置可并联于安装变频系统的直流母线或交流母线上,当制动能量使母线电压升高时,储能系统可自动从母线上吸收能量并及时存储能量,当电力系统进入下一个耗能环节时,母线电压降低到预定值时就自动释放存储能量。

③无源滤波器

无源滤波的主要结构是用电抗器与电容器串联起来,组成 LC 串联回路,并联于电力系统中。LC 回路的谐振频率设定在需要滤除的谐波频率上,根据港口用电设备特性,一般均设置在 5 次、7 次、11 次谐振点上,达到滤除多次谐波的目的。

无源滤波器对某一频率的谐波呈现低阻抗,与电网阻抗成分流关系,使得大部分该频率的谐波流入滤波器。无源滤波器成本低,被广泛使用,但是在使用过程中有一些限制。首先,无源滤波器只能抑制固定次数的谐波,并且对某些次数谐波在一定条件下会产生谐振而使谐波放大,引起其他事故;其次,无源滤波器只能补偿固定的谐波,对变化的谐波不能进行精确补偿;其滤波特性依赖于电源阻抗,受系统参数影响较大,并且其滤波特性有时很难与调压要求相协调;由于对其中的元件参数和可靠性要求较高,且不能随时间和外界环境变化,故对无源滤波器的制造工艺要求也很高,重量与体积较大;对系统负荷变化较大的情况不宜采用。

④有源电力滤波器

有源电力滤波器分串联型和并联型两大类。串联型有源电力滤波器是将滤波电感串联在的电力主回路上,并通过控制电路控制谐波电流,对谐波电流的抑制作用与并联型相同,但其最大的缺点是因为在电路中串入了电感,当供电系统因为负荷增加,必须更换原有的滤波装置,造成改造成本大幅增加。并联型有源电力滤波器是并联在电路中,在供电系统扩容时,可以通过增加相应容量的滤波器实现扩容,大幅降低改造成本。有源谐波滤除装置是在无源滤波的基础上发展起来的,它的滤波效果好,在其额定的无功功率范围内,滤波效果最好。

(3)设计方案

根据港口用电设备工作特性和港口作业生产特点,电能质量改善,电能污染治理就非常的必要,构建港口电能污染治理方案,从源头改善和治理港区电气系统,提供港区电能质量。典型港口电能污染治理方案如图 4.1-3 所示。

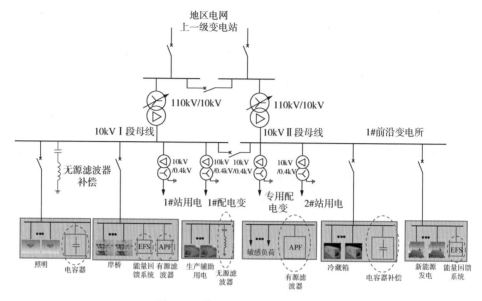

图 4.1-3 典型港口电能污染治理方案

为综合提高港区谐波治理效果,港口可根据港口电气设备实际运行中特点,优先在港口电气设备上级电站对谐波采用有源滤波器补偿,同时由于大部分港口电气设备变频系统采用四象限运行的特点,在货物下放过程中会向电网反送电能,需要安装能量回馈系统吸收多余的能量;根据港口冷藏箱负载和港口照明负载功率波动小功率因素低的特点,安装就地电容补偿装置;根据辅助生产用电设备多,谐波污染小的特点,安装无源滤波装置;针对敏感负荷,电能质量要求高,在敏感负荷处加装有源滤波器;部分港区电网可以配置新能源发电装置,充分发挥新能源发电系统削峰填谷的作用;在电能变化比较大的重点环节,可增设储能装置,其可以有效吸收能量回馈系统多余的电能,并能在负荷高峰时期放出电能,对于控制电网电压幅值和高峰负荷具有显著的作用。

4.1.4 前景

港口电能质量治理具有巨大的发展空间和技术潜力,无功补偿装置、有源电力滤波装置、储能装置等是有效改善电能质量的技术治理措施,对于港口配电网来说,上述技术措施均只在局部电网进行了质量治理,港口配电网电能改善和治理需要从整个电网综合考虑,从根本上治理电能质量的根源。

随着设备制造成本的下降,以及对电能质量重视程度的提高,对节能减排的高度重视,港口电能质量治理技术具有广阔的发展机遇。电能质量行业面临的发展机遇有以下几个方面:

(1)国内虽然有企业提供相关技术产品,但应用时间不长,并没有在技术和市场上形成领先优势;

(2)现有电能质量治理技术基本上是针对特定行业需求进行开发设计,还不能覆盖大多数需要进行电能质量治理的行业,港口是其中一个特殊的领域;

(3)越来越多的港口单位认识到电能质量问题带来的严重危害,对实时监控并治理电网电能质量的需求就显得非常的迫切;

(4)国内在改善和治理电能质量的相关技术标准较少,没有形成整体的有效技术措施和技术方案,技术标准的进步和提升,将会带来较大的技术发展和市场机遇。

对于作为国家用电对象的港口企业来说,有效改善港区电网电能质量、提高港区电能质量水平是电力安全用能的一种保障措施,目前大多港口停留在解决用电问题,电能质量改善和治理还处于前期应用阶段,技术研究和生产发展的推动显得有些不足。随着港口业务的不断拓展壮大,港口用能设备的增加,国内部分港口已在积极探索改善港区用能现状,对港口的电气化、自动化、智能化的提升改造有了新的认识和高度,正在逐渐建立起以优质电力为核心的用能体系,其必将推动电能质量治理技术的应用发展,也必将会促进电能质量治理的快速增长。

4.2 港区卡车调度

4.2.1 背景

港区卡车管理是码头管理的主要内容之一,包括对集港和疏港运输车辆的管理。集港过程涉及的环节包括集港前的准备工作、集卡进闸口、集卡在堆场落箱、集卡出闸口等。疏港与集港相反,但就集卡而言,同样完成提箱前的准备、进闸口、堆场提箱、出闸口等环节。上述集疏港卡车管理水平直接影响集港运输车辆的效率。

传统集疏运车辆管理模式是指码头主要依据船舶的靠离泊制定作业计划,对集疏运车辆的管理不够重视,且相对粗放。没有将集、疏港各环节统筹考虑,各环节的信息交换滞后,且在集疏运车辆管理的关键环节都采取人工管理方式(涉及的人员包括闸口管理人员、门卫、场地调度人员和场桥司机等),导致集疏运车辆在闸口、堆场等场地出现排队等候、集卡空载和空运转等现象,影响港口的生产效率和港区的环境质量。传统集疏运车辆管理模式的主要弊病有:

(1)在传统作业模式下,码头主要依据港内船舶的作业情况来制定堆场计划,优先保证装卸船舶作业,其次才考虑集疏运车辆的送箱和提箱要求,没有将船舶作业、堆场装卸作业、集疏运车辆进出港统筹考虑。集疏运车辆往往依据自身的情况进港提送箱,集疏运车辆的调度、闸口管理、堆场管理的操作单一,司机被动作业,且信息不对称。由于司机(车队)一般根据收货人、发货人的要求及自身实际情况随机安排车辆进港送提箱,造成码头无法科学、合理地制定堆场计划,难以有效控制堆场作业,从而导致码头堆场作业成本高、效率低。此外,由于车队难以获知准确的码头作业信息,无法主动避让码头作业冲突区域,导致码头堆场机械无法得到均衡利用,造成集卡在码头堆场的空耗时间长,送提箱效率低,而且会因堆场局部车辆拥堵严重而引发交通事故。

(2)闸口采取人工录入和核对的传统方式,消耗较长的处理时间,并且容易出错[85]。在闸口作业中,决定集卡通过能力的关键因素是信息录入、核对和箱位的指引等。传统的集港作业中,由闸口管理人员完成信息的录入,核对和放行等。闸口理货员的工作效率直接决定了集卡在闸口的等待时间。由于人工录入、核对信息需要一定的时间,往往导致大量集卡在闸口排队,造成道路拥挤,影响整个交通系统。同时,大量集卡排队等候时排放大气污染物和产生噪声,影响区域环境。集装箱的识别采用人工方式和半人工方式,无法准确及时追踪到集装箱的信息[86]。

(3)在码头堆场,集装箱的调配采用中控系统。集装箱进场前根据闸口输入进场信息,通过闸口门禁系统将信息传递到中控室,中控室将形成具体箱位分配的信息反馈给闸口门禁系统。车辆进入堆场后,就视为车辆到达指定位置,无法实时监控车辆所行走的路线。场桥工作站在车辆到指定地点后安排卸箱作业,堆放到指定货位。这种集装箱管理系统配合龙门吊或起重机装卸集装箱时,因设备操作员距离集装箱较远,为准确找到指定的集装箱,通常需要使用望远镜寻找并查看集装箱信息。即便如此,也会经常出现集装箱错装、错卸和错发等情况,降低了码头集装箱管理工作效率。集卡在长时间排队过程中会排放大量的氮氧化物和颗粒物。

（4）传统集装箱作业模式下，货主提箱时按照箱号进行提箱，且时间不定，常出现提箱时翻倒箱现象。此外由于采用传统固定机械配置的生产组织模式，使得一组装卸机械只为指定的一条作业线服务，从而造成设备空载率较高，浪费能源和设备资源。传统的装卸工艺流程由于固定机械配置造成机械和能源的大量浪费。

（5）在传统的作业模式下，疏港时集装箱卡车空来重去，集港时集装箱卡车重来空去。集卡的空载率高，浪费能源、设备和堆场资源。导致码头的单箱作业能耗高，设备利用率及船舶作业效率低，港区环境污染物排放量大。

基于上述不足，近些年国内外港口重视集疏运车辆的管理，将信息化技术应用到港区车辆管理，建立了各自的集疏运管理系统（平台）。

4.2.2　概述

为解决传统集疏运车辆管理的弊病，国内外港口都积极改进集疏运车辆管理模式，解决集疏运车辆导致的系列问题。旨在合理管理集疏运车辆到达、进场、出场、离开等环节，减少港区的拥堵和车辆排队等候时间。目前，针对集疏运车辆的管理有三种模式：

（1）时间窗的管理方法。港口根据码头的生产计划，设置集疏运车辆提送箱的时间，要求集疏运车辆在规定的时间抵港。时间窗口管理模式能减少司机的等待时间、车辆空载的能耗以及集装箱的存储费用，降低港区附近道路的拥挤和闸口排队问题[87]。该模式对集疏运车辆是否在规定时间内抵港没有约束。

（2）拥堵收费，在闸口、码头场地和港区附近的道路收拥堵费，减少集卡的集中到港时间，解决道路的拥堵问题。

（3）集疏运车辆预约管理。最早提出集疏运车辆预约管理的是 2002 年美国加利福尼亚发布 AB2650 议会法案。该法案要求码头通过延长集装箱提送箱时间或者实施集卡预约系统，减少集卡排队等待时间和尾气的排放[88,89]。

随着港口的发展，集疏运车辆引起的交通拥堵、客气污染、噪声污染以及对当地居民的其他方面的影响备受社会各界关注（当时加利福尼亚港 10% 的 PM、36% 的 NO_x 和 1% 的 SO_x 源于集卡运输）。为解决上述问题，2002 年加利福尼亚州通过了旨在降低集卡污染的法令（California Assembly Bill（AB）2650），AB 2650 于 2003年 7 月生效，这是第一部有关港口大气污染物排放控制的州颁布的法律。根据 AB2650，对那些在箱码头闸口排队时空运转超过 30 分钟的卡车征收 250 美元罚款。受影响的港口有洛杉矶港、长滩港和奥克兰港等。港口也可以采取以下三种措施可以免除罚款:①延长闸口服务时间,每周为70小时(奥克兰港为65小时);②闸口设计在晚上或周末疏散集卡交通流;③建立集装箱集疏港的集卡预约系统。

除AB2650外,伊利诺伊州、罗得岛州、康涅狄格州、新泽西州都制定了类似的法令。新泽西制定的法律AB2646与AB2650基本相似,禁止重型卡车在海港集装箱码头空转或长时间排队,要求集卡在码头等候时间不能超过30分钟,如果超过也会罚250美元。在加利福尼亚州要求集卡在港时间不能超过60分钟。纽约与新泽西港口事务管理局(Port Authority of New York and New Jersey(S2438)),禁止重型柴油卡车在集装箱(海港)空运行或排队超过30分钟,罚250美元或750美元。

为应对AB 2650法令,美国港口开始探索港区车辆管理模式。多数港口对集疏运车辆进行预约管理。受AB2640法律影响的13个码头中,有WBCT、Yusen、Evergree、ITS、LBCTI、PCT、SSA-A等7个码头对集疏运车辆进行预约管理。美国一些第三方公司也参与港口集疏运车辆预约管理中,具有代表性的公司有eModal、MTC Voyager、Navis等。

4.2.3 实施

4.2.3.1 美国港口

美国是最早实施港口集疏运车辆预约管理的国家。受AB2640法律影响,美国各大港口都根据自身情况提出自己的集疏运车辆管理模式。2014年NY-NJ port建设集卡车预约系统。纽约新泽西港基于互联网,整合不同资源开发了"一站式"服务的集卡运输货物匹配系统。WBCT、Yusen、Evergree、ITS、LBCTI、PCT、SSA-A等港口也建立了集疏运车辆预约管理系统(见表4.2-1)。

美国主要港口的集疏运车辆管理模式　　表4.2-1

序号	港口	应对策略	延长闸口服务时间	是否当天预约	电话预约	闸口程序
1	WBCT	预约系统	星期六、星期天限制服务时间	是	是	没有优先
2	Yusen	预约系统	每周7天白班时间	是,截至下午3:30	是	3个预约通道。早晨9个闸口通道全部开放

续上表

序号	港口	应 对 策 略	延长闸口服务时间	是否当天预约	电话预约	闸口程序
3	APL	闸口服务时间延长 70 小时每周	是,特殊运输和航线延长时间	—	—	—
4	APM Maersk	闸口服务时间延长 70 小时每周	是,每周 7 天,7AM~2:30PM	—	—	—
5	Evergreen	预约系统	如果需要 T-W-TH 在早晨早开放	是	是	4 个闸口中的一个专门为预约闸口
6	Trapac	闸口延长 70 小时/周+预约系统	预约延长到晚上	没有	没有	没有
7	CUT	未采取措施	没有	—	—	—
8	ITS	预约系统	星期天闸口为特殊货物开放	是	无	预约车在闸口排队时间接近 30 分钟时优先进入
9	LBCTI	预约系统	星期六、星期天7AM~6PM	是	无	预约车在闸口排队时间超过 30 分钟时优先进入
10	PCT	预约系统	无	是	未知	预约卡车走正门
11	SSA-A	预约系统	无	未知	未知	预约卡车走正门
12	SSA-C	闸口服务时间延长 70 小时每周	每周 4 天开通晚上闸口	—	—	—
13	TTI	延长 70 服务时间+预约系统	M-F 闸口早晨选择性早开放;星期六全天开放;星期天选择性开放	是	是	无优先

eModal、MTC Voyager、Navis 等第三方企业也建立了港口集疏运车辆预约管理系统,为港口提供技术服务。如:为减少集卡在码头的等待时间,eModal 也提供了集卡预约服务。NAVIS 公司开发了港口集疏运车辆预约系统,降低集卡在闸口的排队时间,减少集卡到港时间,提高堆场和码头的生产效率。NAVIS 公司集疏运车辆预约管理系统的基本组成见图 4.2-1,图中 HTML 为超文本标示语言。

4.2.3.2 加拿大港口

为解决集卡在同一时间集中来港或离港,影响港口生产作业,减少集卡在港口

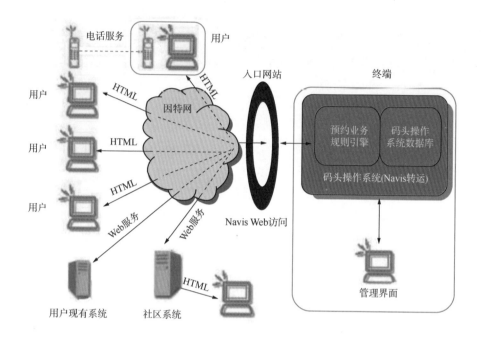

图 4.2-1　NAVIS 公司集疏运车辆预约管理系统

和闸口的等待时间,降低通港道路的交通拥堵,温哥华港开发了集卡预约系统。该系统将一天内港口码头能够提供作业服务的工作时间进行分割,根据港口码头的设备的装卸能力设定每一阶段集卡服务数量的上限,并将每一时间段允许来港集卡数量提前在系统上进行发布;集卡司机或集卡运输企业(货代)提前(前一天或当天早晨)在通过系统进行预约;港口码头根据系统预约集卡情况,准备集卡提箱或送箱服务。

4.2.3.3　荷兰鹿特丹港

鹿特丹港开发了集卡运输道路计划网络(road planning internet)有效降低了拥堵等问题。通过实施该系统,有效减少了集卡在集装箱码头或堆场等待的时间。集卡司机首先在集卡运输道路计划网络输入相关数据,并进行预约。如集装箱码头、船公司、集装箱号、集装箱送达或提取、预计到达时间、集卡运输企业等;集装箱码头或堆场通过集卡运输道路计划网络获得集卡提(送)箱信息,并在集卡司机实际到达前做好相关集装箱的作业准备及信息反馈;最后集卡司机通过集卡运输道路计划网络获得反馈信息,如所提的集装箱是否已在码头,报关单是否准备就绪,集装箱是否被海关放行等,做出决策;每个司机有集卡身份识别卡(cargo card)(约有 8250 名司机持有该卡),该身份识别卡具有身份识别、登记注册、访问管理和操作管理等功能,可以通过数据扫描方式记录集卡的运输状态,减少集卡在港口码头闸口的逗留时间,也可让客户了解集装箱运输的实时状态。

4.2.3.4 中国港口

随着我国港口规模的快速发展,进出港口的运输车辆增多,码头周围交通量的增大带来了车辆拥堵、废气排放、噪音等,影响周边环境和码头的生产效率。为以减少集卡在闸口和港区内的排队等待,减少集卡污染物排放。我国部分港口开始实施集疏运车辆预约系统。

(1)天津港的东方海陆集装箱码头有限公司集卡预约系统

天津港的东方海陆集装箱码头有限公司已实施集卡预约系统。东方海陆集装箱码头实施"预约集港"带来了显著的社会经济效益。码头场桥作业效率从活动开始时的 12.48 箱/h,提高到 2012 年初的 17.5 箱/h;场桥每小时的空耗时间下降了约 10min,由活动前的 20min 下降到活动后的 10min 以内;集卡在闸口和堆场的等待时间减少了约 10min,减少了集卡的排队等待,改善了码头内外的交通状况;场桥单箱作业成本由系统实施前的 13.95 元/箱降为实施后的 9.95 元/箱;码头共节约成本共计 280.38 万元,而"预约集港"系统总投入 150.6 万元,仅半年的节约成本就超过系统总投入。预约后的集卡在码头的排队等待时间可以减少约 10min,提高了集卡的周转效率。集卡集中到达提高了码头场桥的作业效率,减少了场桥的空耗,为码头节约场桥作业台时 24742 台时,场桥作业台时降低了 28.7%,意味着场桥的能源消耗和能耗成本降低了 28.7%。"预约集港"实施期间节约的集卡台时数为 124202 台时,台时数降低了至少 10%,若以集卡每台时怠速油耗为 2.86L 计算,则共节约燃油 354863L。

(2)日照港的基于物联网技术的港口集疏运管控平台

为有效管理港区车辆,日照港基于物联网技术开发了港口集疏运车辆运管平台。该平台有效衔接码头相关管理、生产和商务部门以及汽车和客户间信息和操作,提高了码头生产效率和通过能力,加速汽车周转,改善港区环境质量。日照港运用集疏运管控平台的应用取得了显著成效。平台使用前后效果对比见表 4.2-2。

日照港运用集疏运管控平台前后生产指标对比 表4.2-2

生 产 指 标	系统使用前	系统使用后	效果
集疏港车辆平均在港总停时	143min	85min	减少58min
一次过重平均停时	15min	9min	减少6min
装车平均停时	39min	20min	减少19min
过磅平均停时	104min	41min	减少63min
出港平均停时	13min	5min	减少8min
月集疏港车数	22445车	27793车	增加5348车
天平均车数	724车	897车	增加173车
矿石火车装车满载率	75%	98%	提高23%

(3)青岛港的集装箱码头"按提单号提箱"和集卡最优路径系统

传统的进口箱提箱方式是按箱号提箱,且时间不定,无论箱子在哪里都需要找出来,造成进口提箱大量翻倒,既大大增加了码头的无效作业成本,也延长了客户的提箱时间,给货主增加了提箱成本。为应对上述问题,青岛港利用信息化技术研发了"按提单号提箱"和集卡最优路径系统。

"按提单号提箱"模式要求码头对进口货物按提单号进行集中堆码,客户需凭有效单据到码头进行预约提箱受理,提供集中预约提箱时间段和指定车牌号。在预定的提箱时间前,码头安排机械到相应场地做提箱准备。提箱时,货主按提单号提箱,计算机系统自动派发该提单中最适合场地机械作业的箱号及其位置,从而最大限度地降低翻倒。这样就最大程度地减少了堆场机械的翻倒作业。通过"按提单提箱",青岛港进口重箱翻倒比例(翻倒数/提箱数)由2008年的月平均150%降到目前的50%以下,月平均减少翻倒52452自然箱;按照减少翻倒1个集装箱,节省燃油1升的标准,月均可节省52452L燃油,则年节省燃油52452×12×0.86=541t。

"集卡最优路径"系统打破了集卡只为一条作业线服务的传统模式,系统通过智能计算来自动全局调度分派集卡,使每个集卡都能得到最合适的指令。集卡最优路径系统运用装卸新工艺,动态地实现码头不同集装箱船舶的边装边卸,打破当前集装箱码头装卸机械分配惯用方式。作业机械不仅仅属于一条固定作业线,而是为整个码头所共享,能够在整个码头范围内获取最优化的作业指令。最大限度实现集卡重来重去,减少空驶。提高集卡利用率、减少了轮胎吊和桥吊的等待时间,提高装卸效率。通过对集装箱流向分析,减少轮胎吊翻箱,降低能源消耗。集卡最优路径系统的应用有效地提高了重载率(重载行驶距离/全程行驶距离),重载率由原来的47%提高到了56%。年共可节约柴油922t,年减少CO_2排放2871t、SO_2排放27t、NO_x排放5.2t。

(4)香港港国际码头的集卡预约系统

为提高港口的生产效率,降低集卡在港区的污染物排放,减少集卡在港区和闸口的排队等候和空载率,香港国际码头也开发了集卡预约系统[90]。

(5)其他港口

我国其他港口也重视集疏运车辆的智能化管理,如:上海港开发了集疏运车辆预约平台;珠海港开发了集卡预约APP;厦门嵩屿集装箱码头有限公司在其网站上公布当天和次日靠泊船舶的信息,并提醒繁忙时段和适合提箱时段;厦门国际货柜码头也在其网站上公布集装箱的场位及可提箱的时间信息,对到港集疏运车辆进行约束。厦门嵩屿集装箱码头有限公司和厦门国际货柜码头的网上预约系统是一种被动的预约,港口不能控制集卡的到港时间,影响港口堆场和码头集装箱装卸作业;集卡来港为一个随机事件,不能解决集卡拥堵的问题;对于迟到或早来集卡无法管理,不能有效解决闸口、堆场和码头作业效率。

中国应以法律形式或补贴等手段推动对集疏运车辆预约管理。

目前,中国港口集疏运车辆预约管理以企业自身行为为主,政府尚未出台相关政策鼓励发展集疏运车辆预约管理。

4.2.4　前景

集卡预约管理是解决港口卡车问题的有效手段。也是未来港口集疏运车辆管理发展的方向。但迄今为止,集疏运车辆预约管理尚不成熟,各国推行的力度也不一样;就同一个国家而言,不同规模的码头,对集卡预约管理的态度也不一样。

(1)国内外集疏运车辆预约管理尚处于起步阶段,预约管理的内容和形式不一,缺乏相关标准和规范,导致出现不少争议。虽然集疏运车辆预约系统对码头操作管理很重要。预约系统能确定每个堆场的范围,码头交通更加顺畅;与延长服务时间较高的人力成本相比,集卡预约系统成本更低,客户的抱怨更少;预约系统能降低集装箱的转运时间;能有效降低码头集卡拥堵问题,提高港外卡车的周转效率,减少集卡的污染物排放,提高堆场的生产效率等。但其在发展过程中受到不少争议。

国际上针对集疏运车辆的争议主要来自对美国AB2650实施效果的调研对南

海岸空气质量管理区的巡视。根据调研结果,反对采用集卡预约系统的码头企业认为:

①每个码头的情况不一样,且都依据各自的特点组织码头作业。码头间生产类型、靠泊船舶数量、客户要求、码头面积等都有很大差异。

②基于网络的集装箱信息系统已经提供了集装箱的有效信息,因此增加集卡预约系统的优势不明确。

③提高码头生产效率最有效的选择是技术,比如光学字符识别技术(OCR)、GPS 技术以及最新的货物跟踪技术等。

④集卡预约系统会增加码头操作的数据量。

⑤似乎参与预约卡车的比例越高,已预约卡车的队排的越长,被罚的风险越大。

2004 年 1 月-2005 年 1 月对南海岸空气质量管理区的巡视结果也揭示了集卡预约系统建设的一些问题:

①调研港口闸口集卡平均排队时间为 5~26min,很少有超过 30min。

②根据对 3 个建立集卡预约系统的码头的调研,预约系统的平均使用率为 63%,这三个公司对那些未按时赶到或取消预约行为给予惩罚措施。

③没有证据显示集卡预约系统能降低集卡在集装箱码头闸口排队等候时间,除非预约系统能配套其他优惠措施,比如迟到或取消预约的惩罚措施,预约车辆优先进出闸口、优先安排装卸设备、制定集装箱场地等。就环保而言,预约系统显著降低集卡排队等候时间才能有助于降低污染物排放。

④AB2650 法令是外部强加于码头企业,没有得到码头企业认可,推行难度大。

⑤那些选择预约系统的码头主要是因为延长码头闸口服务时间的人力成本高,预约系统的成本相对较低。

⑥码头经营人不太关心集卡司机的等候时间,更关心客户的利益。

许巧莉等分析了中国集疏运车辆预约存在的一些问题[91],分析结论如下:

①由于集装箱码头作业任务繁多且多变,现实中不同时段闸口的开放数和堆场服务外部集卡的场桥数目动态变化而非固定不变,忽略该因素则导致预约的价值没有得到最大体现;

②当前的预约策略主要针对非高峰时期,当高峰期单位时间内集卡的到达量远远超过闸口服务能力时往往无法应对;

③现有码头预约策略时间段的确定都是建立在假设的前提下,并没有通过挖掘预约时段长度对预约策略产生的影响,而确定最优的集卡预约时段长度;

④一个预约系统的有效实施是建立在一定条件的基础上,若集卡司机迟到和预约未到率过大,则预约系统形同虚设,当前研究没有进一步讨论预约系统在实施时需要满足的条件。

(2)我国部分港口已开始实施集疏运车辆预约管理,但目前我国尚无一个真正意义上的预约管理系统。

(3)集疏运车辆预约管理是未来港口发展的方向,且互联网技术、闸口管理技术、码头场地调度技术都已经成熟,为集疏运车辆预约管理的实现奠定基础。但在具体建设过程中需要注意以下问题:

①集疏运车辆预约管理应以港口为主导实施,以码头为单元实施很难完全整合相关信息。

②在我国推动集疏运车辆预约管理,应制定相关的技术规范或指南。

③集疏运车辆预约管理系统建设应加强顶层设计,注重综合功能,避免出现单一功能。

④集疏运车辆预约管理应根据港口的实际情况因地制宜建设。

5 GPAS 介绍

5.1 GPAS 综述

5.1.1 提出背景

GPAS 的提出和发展是落实 APEC 第十八次领导人非正式会议宣言中重点提到的《领导人增长策略》,即推动亚太经济实现平衡、包容、可持续、创新、安全增长,以应对 21 世纪机遇与挑战的重要行动;是落实 APEC 第十九次领导人非正式会议宣言中提到的 APEC 成员将致力于推动共同绿色增长目标的重要工作。APEC 交通运输部长级会议也将交通运输业的绿色发展作为重要目标。

交通运输业是国民经济的基础性、先导性产业和服务性行业,港口作为交通运输业的重要组成部分,是世界经济增长的重要推动力,应推动行业经济效益增长与环境保护协调发展,促进实现全球物流交通的绿色发展。另一方面,港口同时也是世界主要的耗能单位和污染源头,为应对全球能源危机和环境恶化的国际形势,国际港口界提出了绿色港口的发展理念。

绿色港口是指既能满足环境要求又能获得良好经济效益的可持续发展港口,要求港口在满足腹地经济贸易发展需要的同时,尽量减少港口建设和运营对环境和生态的负面影响、降低资源和能源的消耗、缓解对气候变化的不良影响。绿色港口以绿色发展理念为指导,将港口资源科学布局、合理利用,把港口发展和资源利用、环境保护有机结合起来,走能源消耗少、环境污染小、增长方式优、规模效应强的可持续发展之路,建设环境健康、生态保护、资源合理利用、低能耗、低污染的新型港口,最终做到港口发展与环境保护的和谐统一、协调发展。

5.1.2 目的

提出和推行 GPAS 主要是为亚太地区绿色港口发展提供一个全面、科学、合理和系统的绿色发展指导,引导并激励亚太港口走能源消耗少、环境污染小、增长方式优、规模效应强的可持续发展之路,以期做到港口发展与环境保护的有机结合,保持亚太地区港口行业在环境保护和经济效益之间获得良好、平衡、健康和可持续发展。

5.1.3 发展历程

GPAS 于 2011 年由亚太港口服务组织(APSN)在美国旧金山召开的绿色港口研讨会上首次提出。2012 年和 2013 年,亚太港口服务组织又分别于中国香港和泰国召开了"绿色航运与供应链"和"绿色港口:召唤行动与创新"两次研讨会,对亚太绿色港口奖励计划的有关工作进行了进一步的深入探讨。经过三年多的讨论和研究,APSN 建立了符合亚太区域港口特点的 GPAS 评价指标体系,形成了港口自评价指南和专家评审指南。

为了进一步检验指标体系的适用性和完善性,亚太港口服务组织分别于 2014 年和 2015 年开展了两轮 GPAS 项目试运行,来自亚太地区六个经济体的八个港口参加了这两轮试运行。GPAS 团队收集和总结了很多亚太港口绿色发展的经验,比如,APEC 经济欠发达地区的大多数港口在绿色发展意愿与决心指标方面得分较高,说明绿色发展理念已成为亚太地区的普遍共识,在港口领域进行绿色和可持续发展的努力深入人心,发展潜力巨大;而这些港口在绿色发展行动与实施方面的各项指标得分偏低,在绿色发展效果与表现方面,他们难以提供相应评估指标的数据,这表明 APEC 经济欠发达地区港口在绿色港口发展领域还缺乏相关经验,不知道做什么和怎么做。这恰恰体现了 GPAS 作为 APEC 地区绿色港口发展指南与最佳实践交流分享平台的巨大价值和重要意义。

2016 年 3 月 8 日至 10 日,APSN2016 年第一次主席工作会议在成都召开,会议审议并通过了 APSN 秘书处提交的 GPAS 管理办法草案《亚太绿色港口奖励计划实施方案》,以及 APSN 秘书处建立的 GPAS 评审专家库,标志着筹备已久的 GPAS 于 2016 年正式启动。

5.2 GPAS 指标体系

在参照国际成熟的绿色港航认证体系的相关标准与先进经验,在对亚太地区港口行业利益相关机构广泛调查的基础上,APSN 建立了 GPAS 分级评估指标体系。其指标体系由 3 个第一级指标组成,分别是绿色发展意愿与决心、绿色发展行动与实施、绿色发展效率与有效性。每一个第一级指标又由数个第二级指标组成,第二级指标包含国际最为关注的绿色港口发展领域的主要参考指标,涵盖绿色港口发展策略和具体方案、资金支持、环保节能技术应用和环境管理体系等各个方面(表5.2-1)。

GPAS 指 标 体 系　　　　　　　　表 5.2-1

主要指标	二级指标	参考标准
承诺和意愿(25%)	环保意识及意愿(60%)	(1)绿色战略或发展计划 (2)绿色支持资金 (3)绿色的年度报告 (4)其他
	绿色港口推广(40%)	(1)绿色培训项目 (2)绿色宣传活动 (3)其他
行动和实施(50%)	清洁能源(15%)	(1)使用可再生能源 (2)使用的液化天然气 (3)使用岸电系统 (4)其他
	节约能源(30%)	(1)使用节能设备和技术 (2)优化供电系统 (3)其他
	环境保护(40%)	(1)空气污染防治 (2)噪声控制 (3)垃圾处理(液体和固体) (4)其他
	绿色管理(15%)	(1)绿色环保管理体系 (2)绿色绩效评估 (3)其他
效率和有效性(25%)	节约能源(40%)	(1)能源消耗量减少 (2)可再生能源增量 (3)其他
	环境保护(60%)	(1)空气质量的改善 (2)噪声控制的结果 (3)液体和固体污染控制 (4)其他

为适应 APEC 地区港口与经济发展水平,并起到激励、促进、引导该地区港口走绿色可持续发展道路的作用,GPAS 指标体系的各个指标设置了不同权重,将各个指标的评估分数加权后得出最终得分。这些指标和权重经过 APEC 地区绿色港口专家的多轮思考和讨论,并经历了两轮试运行的实际测试,最终形成了可有效激励亚太绿色港口发展的指标体系。

5.3 GPAS 申报与评价

GPAS 的申请采用的是自我评价和专家评价相结合的方式。

申请者首先需根据 GPAS 申请表格中有关指标的要求并参照 GPAS 港口自我评价指南进行自我评估。自我评价完成后在当年的 6 月 30 日前将自我评价表提交给秘书处。

APSN 邀请来自不同经济体的港口专家组成一个评估委员会。APSN 秘书处已经组建了一个专家库,每年的评估委员会将从该专家库中选取不少于 7 名专家组成评估委员会。目前,GPAS 专家库包括了来自 13 个经济体的 23 名专家。

专家将负责评估申请单位的绿色发展水平,根据各港口在申请 GPAS 时提供的信息,为每个指标提供 1 至 5 分的评分。港口最终得分将由 APSN 秘书处根据指标权重计算得出。

表 5.3-1 给出了每个指标的基本标准的具体描述。

亚太经合组织评估标准 表 5.3-1

级 别	标 准
1	非常差(至今没有实施绿色实践)
2	差(迄今只有非常有限的绿色实践)
3	中等(符合一定数量的适用的绿色实践)
4	良好(系统地使用一定数量的最佳实践)
5	优秀(将最佳实践集成应用、引入新技术或管理)

根据基本标准,1 至 5 级代表相应的分数为 1~5。第 1 级表示港口几乎没有任何绿色发展的努力。第 2 级表示该港口在绿色发展方面的努力有限,努力越多,达到的水平越高。应该指出的是,评分不限于本指南,评估委员会将保留进行独立评估的权利。

5.4 GPAS 实施现状

亚太绿色港口奖励计划自 2016 年推出以来,已经有 14 个港口和机构获得了亚太绿色港口称号,GPAS 获得者名单见表 5.4-1 和表 5.4-2。

2016 年 GPAS 获得者名单　　　　　　　　　　　　表 5.4-1

Bangkok Port, Thailand	泰国曼谷港
Jurong Port, Singapore	新加坡裕廊港
Beilun 2nd Container Terminal, Ningbo Zhoushan Port, China	中国宁波舟山北仑二期集装箱码头公司
Port Klang, Malaysia	马来西亚巴生港
Port of Singapore, Singapore	新加坡港务管理局
Port of Tanjung Pelepas, Malaysia	马来西亚丹戎帕拉帕斯港
Sixth Port Branch, Qinhuangdao Port, China	中国秦皇岛港第六公司

2017 年 GPAS 获得者名单　　　　　　　　　　　　表 5.4-2

Bintulu Port, Malaysia	马来西亚民都鲁港
Chiwan Container Terminal Co., Ltd, China	中国赤湾集装箱码头有限公司
Johor Port Authority, Malaysia	马来西亚柔佛港港务局
Port of Batangas, The Philippines	菲律宾八打雁港
PSA Singapore, Singapore	新加坡港口公司
Shekou Container Terminals Ltd, China	中国蛇口集装箱码头有限公司
Tan Cang Cat Lai Port, Viet Nam	越南胡志明潭仓泰莱码头

参 考 文 献

［1］香港特别行政区政府环境保护署空气科学组.2016 年香港空气污染物排放清单报告.2018
年 4 月.

［2］Resolution MEPC.251（66）Adopted on 4 April 2014,Amendments to the Annex of the Protocol of
1997 to Amend the international Convention for the Prevention of Pollution from Ships,1973,as
Modified by the Protocol of 1978 Relating Thereto,MEPC 66/21 ANNEX 12.

［3］Resolution MEPC.280（70）Adopted on 28 October 2016,Effective date of implementation of the
fuel oil standard in regulation 14.1.3 of Marpol Annex VI,MEPC 70/18/Add.1 Annex 6.

［4］彭传圣,乔冰.控制船舶大气污染气体排放的政策措施及实践.水运管理,2014(2),1-5.

［5］Resolution MEPC.286（71）Adopted on 7 July 2017,Amendments to the annexe of the protection
of 1997 to amend the international convention for the prevention of pollution from ships,1973,as
modified by the protocol of 1978 related hereto,Amendments to MARPOL Annex VI（Designation
of the Baltic Sea and the North Sea Emission Control Areas for NOX Tier III control）,MEPC 71/
17/Add.1 Annex 1.

［6］彭传圣.我国船舶排放控制区的特点及存在的问题.水运管理,2016(4),4-8.

［7］荣俊华,钱程.船舶降速航行分析及措施.科技资讯,2014(24),245-246.

［8］University of California.California Air Resources Board.In-use Emissions Test Program at VSR
Speeds for Oceangoing Container Ship.California Air Resources Board,June 2012.

［9］Ship Noise Reduction Marine Life Communication.http://www.greenport.com/news101/australasia/
ship-noise-reduces-marine-life-communication? mkt_tok = eyJpIjoiWWpCcbFl6UmlNR1uwT0RJMy IsIn-
QiOiJVQUJlT1Z1bnZDWGhQdWdtZm05NUNZNGtDNjBcL0NZZWF1N0VNYWJVZZWhxeUtEbzFNQnFnS
k9nMFYxMGNFQ0owN3pRckQwUXFrVVJVbHZTRWFMU0lUUExhWXVSZERweDBBscjM5eFB3V0RcL2
thYWd1OFpuRFIwSjg4UzJZdTgrejRYIn0%3D.

［10］Canada,Gulf of St.Lawrence—slow down to protect whales.http://www.gard.no/web/updates/
content/23896570/canada-gulf-of-st-lawrence-slow-down-to-protect-whales.

［11］彭传圣.长滩港减少挂靠港口船舶排放的绿旗计划.水运科学研究,2008(1),53-54.

［12］Participate in the Green Flag Program Reduce Your Dockage Rates and Help the Environment.ht-
tp://www.polb.com/civica/filebank/blobdload.asp? BlobID = 6963.

［13］Shipping Lines Honored for Green Leadership.May30,2013,http://www.polb.com/news/dis-
playnews.asp? NewsID = 1175&TargetID = 16.

［14］Green Flag Incentive Program.http://www.polb.com/environment/air/vessels/green_flag.asp.

［15］2017 Annual Green Flag Operator Standings.http://www.polb.com/civica/filebank/blobdload.

asp？BlobID=14364.

［16］Port of Los Angeles：Vessel Speed Reduction Incentive Program Guidelines.https：//www.portoflo-sangeles.org/pdf/VSR_Program_Overview.pdf.

［17］加州主要产业及特点.中华人民共和国商务部,美洲大洋洲司,2013 年 3 月 28 日.http：//mds.mofcom.gov.cn/article/zcfb/201303/20130300070581.shtml.

［18］United States Census Bureau.https：//www.census.gov/.

［19］The Port of Los Angeles.https：//www.portoflosangeles.org/.

［20］Port of Long Beach.http：//www.polb.com/default.asp.

［21］Port of Los Angeles Baseline Air Emission Inventory-2001.Starcrest Consulting Group,LLC,2005 年 7 月.

［22］马冬,肖寒,白涛等.美国船舶港口大气污染防治及对我国的启示.世界海运,2017,40(11)：23-28.

［23］Emission inventory. From Wikipedia, the free encyclopedia. https：//en. wikipedia. org/wiki/Emission_inventory

［24］Strategies of Clean Air Action Plan.http：//www.cleanairactionplan.org/strategies/.

［25］Port of Los Angeles Inventory of Air Emissions-2016.Starcrest Consulting Group,LLC,2017 年 7 月.

［26］亚太港口空气质量研究.大连海事大学,2016 年 5 月 31 日.

［27］Port of Los Angeles Inventory of Air Emissions-2013.Starcrest Consulting Group,LLC,2014 年 7 月.

［28］CARB,Appendix B：Emissions Estimation Methodology for Commercial Harbor Craft Operating in California,2007 年.

［29］CARB,Appendix B：Emission Estimation Methodology for Cargo Handling Equipment Operating at Ports and Intermodal Rail Yards in California.www.arb.ca.gov/regact/2011/cargo11/cargoappb.pdf.

［30］Shipping Emissions in Ports.International Transport Forum,2014 年 12 月.https：//www.itf-oecd.org/shipping-emissions-ports.

［31］https：//www.epa.gov/ghgemissions/sources-greenhouse-gas-emissions

［32］http：//www.environmentalshipindex.org/Public/Home.

［33］http：//www.environmentalshipindex.org/Public/Home/ESIFormulas.

［34］https：//www.portofamsterdam.com/sites/poa/files/media/pdf-en/poa_general_terms_and_con-ditions_and_rates_2018_en_20171222.pdf.

［35］https：//www. portofrotterdam. com/en/shipping/sea-shipping/port-dues/discounts-on-port-dues/esi-discount.

［36］ http：//www.environmentalshipindex.org/Public/PortIPs.

［37］ https：//www.groningen-seaports.com/wp-content/uploads/Schone-scheepvaart_brochure.pdf.

［38］ http：//www.ohv.oslo.no/filestore/PDF/2018/Porttariffs_web_EN2.pdf.

［39］ https：//www.hamburg-port-authority.de/fileadmin/user_upload/HAM_special_terms_and_condi-tions_STC_maritime_shipping_effective_as_of_15March2018.pdf.

［40］ https：//www.portofantwerp.com/nl/node/16254.

［41］ https：//www.larochelle-port.eu/media/port_fees_2018_097795700_1627_03042018.pdf.

［42］ http：//www.pla.co.uk/Environment/Air-Quality-and-Green-Tariff/Green-Tariff.

［43］ https：//www.portofhelsinki.fi/sites/default/files/attachments/guidelines%20environmental%20discount_0.pdf.

［44］ https：//www.ashdodport.co.il/news/Documents/Port%20of%20Ashdod%20to%20Join%20WPCI.pdf.

［45］ http：//www.soharportandfreezone.com/en/shipping/port-tariffs.

［46］ http：//www.busanpa.com/filedownload.do？filePath=/images/sub04/journal_0812/BPA_ebook/&fileName=brochure_eng.pdf.

［47］ http：//www.kouwan.metro.tokyo.jp/en/business/h27pfi.pdf.

［48］ https：//www.portoflosangeles.org/environment/ogv.asp.

［49］ https：//www.portvancouver.com/wp-content/uploads/2018/03/Eco-Action-Program-Brochure-Online-v%C6%92-2018_FINAL.pdf.

［50］ http：//www.pancanal.com/eng/pr/press-releases/2016/10/31/pr612.html.

［51］ http：//www.puertobuenosaires.gob.ar/ver_archivos/resolucion-y-reglamento-para-otorgar-de-scuentos-a-los-buques-sustentables/119.pdf.

［52］ https：//www.nswports.com.au/news/article/nsw-ports-introduces-australias-first-environmental-incentive-for-shipping-lines.

［53］ 温素彬,麻丽丽.管理会计工具及应用案例——管理会计工具整合及其在影视企业项目决策中的应用.会计之友,2017(3),132-136.

［54］ 刘莎.重污染行业上市公司可持续发展报告现状分析与改进建议——基于GRI《可持续发展报告指南》应用的中美比较.中国注册会计师,2013(04),60-66.

［55］ Corporate socialresponsibility.From Wikipedia,the free encyclopedia.https://en.wikipedia.org/wiki/Corporate_social_responsibility.

［56］ Carroll, Archie B. (1991). The pyramid of corporate social responsibility：toward moral management of organizational stakeholders.Business Horizons,34 (4).39-48.doi：10.1016/0007-6813(91)90005-g.

［57］ Sustainabilityreporting.From Wikipedia,the free encyclopedia.https：//en.wikipedia.org/wiki/

Sustainability_reporting.

[58] 王猛,杨荣本.GRI 的《可持续发展报告指南》在我国的应用及发展.商业会计,2012(12), 16-18.

[59] 张长江,许一青.企业可持续发展报告研究述评——基于 GRI《可持续发展报告指南》发布后的文献.财务与金融,2015(02),92-95.

[60] JUNIOR R M,BEST P J,COTTER J.Sustainability reporting and assurance:a historical analysis on a world-wide phenomenon.Journal of Business Ethics,2014(1),1-11.

[61] BOIRAL O,HERAS-SAIZARBITORIA I,BROTHERTON M C.Assessing and improving the quality of sustainability reports:the auditors´ perspective.Journal of Business Ethics,2017(5), 1-19.

[62] AboutGRI.https://www.globalreporting.org/information/about-gri/Pages/default.aspx.

[63] 全球报告倡议组织.可持续发展报告标准(GRISTANDARS).2016 年.

[64] 安特卫普港务局,左岸开发公司,安特卫普-瓦斯兰商会 Alfaport-Voka.安特卫普港可持续发展报告 2017.2018 年.

[65] 彭传圣.我国开展绿色港口等级评价管理办法研究.港口经济,2014(3),11-15.

[66] David Bolduc.Green Marine:10 Years Implementing a Voluntary Environment Certification Program.APSN GPAS Workshop,Beijing,17 April,2018.

[67] Green Marine:2017 Self-Evaluation Guide for Ports & Seaway Corporations.https://www.green-marine.org/certification/self-evaluation-guides/.

[68] 彭传圣.电动轮胎式集装箱门式起重机与节能减排.中国港口,2010(8),60-62.

[69] 周家海,陈庆为,王军浩,董瑞芝.轮胎式集装箱门式起重机的油改电技术.起重运输机械, 2009(4),98-101.

[70] 邢小健,商伟军.轮胎式集装箱门式起重机"油改电"探讨.港口装卸,2008(1),14-15.

[71] 王元春,刘建炎,季世锋.轮胎式集装箱门式起重机"油改电"技术应用研究与实践.中国港口,2009(7),54-57.

[72] APM Terminals to Retrofit and Electrify RTG Fleet Worldwide.https://www.porttechnology.org/index.php? /news/apm_terminals_to_retrofit_and_electrify_rtg_fleet_worldwide.

[73] California Air Resources Board.Emissions Estimation Methodology for Ocean-Going Vessels. May 2011.

[74] Tetra Tech,Inc.Use of Shore-Side Power for Ocean-Going Vessels White Paper.May 1,2007.

[75] 交通运输部水运科学研究院.广东省珠江口湾区进出港船舶转用低硫油调研分析报告. 2016 年 8 月.

[76] 中华人民共和国国家统计局.中华人民共和国 2010 年国民经济和社会发展统计公报.2011

年2月28日.

[77] 中华人民共和国国家统计局.中华人民共和国2017年国民经济和社会发展统计公报.2018年2月28日.

[78] Peng Chuansheng；Application of Shore Power for Ocean-Going Vessels at Berth in China，International Conference on Sustainable Energy，Environment and Information engineering（SEEIE2016），Bangkok，March 20-21，2016，pp8-15.

[79] 彭传圣.靠港船舶使用岸电技术的推广应用.港口装卸，2012(6)，1-5.

[80] Port of Los angeles. AMP Operator Summary Report. https：//www.portoflosangeles.org/environment/amp.asp.

[81] 张剑，魏梦娇，柳玉涛.港口干散货堆场的环保措施简析.港工技术，2016(10)：86-91.

[82] 张文丽，徐东群，崔九思，空气颗粒物PM2.5污染物特征及其特性机制的研究进展.中国环境监测，2002,18(1)：59-63.

[83] 中华人民共和国行业标准.海港总体设计规范(JTS 165).

[84] 中华人民共和国国家标准.电能质量公用电网谐波(GB/T 14549).

[85] 王德龙.RFID技术在港口物流中的应用.大科技，2010,(9)：99.

[86] 包起帆.基于RFID的可视化全程协同管理的集装箱物流系统研究与应用.武汉：武汉理工大学，2009.

[87] Chen Xiaoming，Zhou Xuesong，George F.List. Using time-varying tools to optimize truck arrivals at ports . Transportation Research Part E：Logistics and Transportation Review，2011，47(6)：965-982.

[88] Giuliano，G.，& O'Brien，T.(2007).Reducing port-related truck emissions：The terminal gate appointment system at the Ports of Los Angeles and Long Beach.Transportation Research Part D 12 460-473.

[89] Morais P，Lord E.Terminal appointment system study，Ottawa；Transport，Canada.

[90] Murty KG，Wan Y-w，Liu J，Tseng MM，Leung EL，Lai K-k，Chiu HWC（2005）Hong kong international terminals gains elastic capacity using a data-intensive decision-support system.Interfaces 35(1)；61-75.

[91] 许巧莉.现有集卡预约系统的问题.码头集卡预约服务模型研究.大连海事大学，大连：2014.

图 2.2-1 一套高压上船靠港船舶使用岸电系统示意图

现有靠港船舶使用岸电系统硬件配置的方式和特点如表 2.2-3 所示。实际的靠港船舶使用岸电系统是上述硬件配置功能的组合,如市政电网频率为 50Hz 的情况下,可以配置一个既可以通过变频装置供应 60Hz 电力,也可以不经过变频装置直接供应 50Hz 电力的船舶岸电供电系统。

除了码头和船舶上的硬件配置外,靠港船舶使用岸电系统还需要配置相应的软件,实现船岸实时监测、实时控制,自动电压跟踪、自动调整、自动稳压、远程修复等功能。

现有靠港船舶使用岸电系统硬件配置的方式和特点　　　　表 2.2-3

岸上供电系统		船岸连接系统	船载受电系统
电压	频率	电缆及卷车提供方	变压
低压 230V/400V/450V	50Hz	码头	×
	60Hz		
高压 6kV/6.6kV/11kV	50Hz	码头	×
			√
		船舶	×
			√
	60Hz	码头	×
			√
		船舶	×
			√

2.2.3.2　政策

　　码头配备船舶岸上供电系统、船舶配备船载岸电受电系统以及码头或船舶配备与上述岸上供电系统和船载受电系统配套的船岸连接系统只是具备了靠港船舶使用岸电的基本条件,只有港口或者港口电力供应公司实际向靠港船舶供应电力并提供相应的服务以及船舶靠港使用岸电取代辅机燃油发电,成为有益、经济或者必然的选择时,靠港船舶才可能使用岸电,从而达到减少靠港船舶在港区的大气污染物排放的目的。

　　靠港船舶使用岸电有效减少港区大气污染物排放,改善港区乃至港口城市的空气质量,使港区、港口、港口周边乃至港口城市的居民从中受益。港口城市政府出资鼓励码头配备船舶岸上供电系统、船舶配备船载岸电受电系统以及码头或船舶配备与上述岸上供电系统和船载受电系统配套的船岸连接系统,特别是鼓励靠港船舶使用岸电,理所当然。国家、行业或者港口城市政府鼓励辖区内码头配备船舶岸上供电系统、相关船舶配备船载岸电受电系统以及辖区内码头或相关船舶配备与上述岸上供电系统和船载受电系统做法容易接受,但是目前促进靠港船舶使用岸电的政策应用不多。

　　中国深圳市政府 2014 年 9 月 25 日发布了《深圳市港口、船舶岸电设施和船用低硫油补贴资金管理暂行办法》,在 2014 年 9 月 22 日起的未来 3 年内,对于港口岸电设施建设、船舶使用岸电和转用低硫油实施补贴。船舶使用岸电补贴